（生成AI×ノーコードで
かんたん業務効率化）

ゼロからわかる
Difyの教科書

にゃんた［著］

技術評論社

■ Difyのバージョンについて
- 本書執筆時のDifyのバージョンは1.0.0です。バージョンの違いによって一部の機能が正常に動作しない可能性があります。その場合は、コミュニティ版Difyを利用してバージョンを本書のバージョンと合わせるか、必要に応じて設定を修正してご利用ください。
- 本書では、Dify 1.0.0クラウド版で動作を確認しています。またDifyで使用するモデルは基本的にgpt-4oを使っています。他のモデルの場合、本書で解説している内容が使えないことがあります。
- 補足情報がある場合には下記の本書GitHubリポジトリに適宜掲載します。
  本書GitHubリポジトリ：`https://github.com/nyanta012/dify-book`
- Difyにはウェブブラウザから利用できるクラウド版、自社サーバーなどに無料でインストールして利用可能なコミュニティ版の2つの形態があります。コミュニティ版の利用にはDockerが必要です。コミュニティ版は、Windows、macOS、Linuxから利用することができます。本書では、Windowsでの利用方法を解説しています。

■ 本書サンプルアプリの動作環境
本書で作成するサンプルアプリは、次の環境で動作することを確認しています。

OS・ブラウザ：Microsoft Windows 11 Pro ／ Google Chrome

■ 本書の学習リソースについて
本書では、各章でサンプルアプリを題材にアプリケーション開発方法を解説しています。本書で作成するアプリケーションの完成版は次のGitHubリポジトリで公開しています。関連するサンプルデータも用意していますので、必要に応じてご利用ください。

GitHubリポジトリ：`https://github.com/nyanta012/dify-book`

詳しくは、Chapter 3「テキスト処理を行うアプリケーション開発」の3-1節「本書での学習リソースの概要」64ページを参照してください。

■ 本書で解説するDifyのご利用について
- Difyは生成AIを使ったソフトウェアのため、本書で掲載している解説の通りにDifyを利用した場合も、書籍で掲載している回答例と、お手元でDifyに質問をした際の回答とは異なることがあります。あらかじめご了承ください。
- Difyは定期的にアップデートされています。アップデート情報については「さらなる学習とコミュニティサポート」（337ページ）でも掲載している下記のリソース・参考情報も参照してご利用ください。
  - Dify公式ドキュメント　：`https://docs.dify.ai/ja-jp`
  - GitHubリリースノート　：`https://github.com/langgenius/dify/releases`

◆ 本書をお読みになる前に
- 本書に記載された内容は、情報の提供のみを目的としています。したがって、本書を用いた運用は、必ずお客様自身の責任と判断によって行ってください。これらの情報の運用の結果について、技術評論社および著者はいかなる責任も負いません。
- 本書記載の情報は、2025年3月現在のものを掲載していますので、ご利用時には変更されている場合もあります。
- また、ソフトウェア／Webサービスに関する記述は、特に断りのない限り、2025年3月現在での最新バージョンをもとにしています。ソフトウェア／Webサービスはバージョンアップされる場合があり、本書での説明とは機能内容や画面図などが異なってしまうこともあり得ます。

以上の注意事項をご承諾いただいたうえで、本書をご利用願います。これらの注意事項をお読みいただかずにお問い合わせいただいても、技術評論社および著者は対処しかねます。あらかじめ、ご承知おきください。

◆ 商標、登録商標について
本文中に記載されているソフトウェア製品の名称は、すべて関係各社の商標または登録商標です。会社名、製品名などについて、本文中では、™、©、®マークなどは表示しておりません。

はじめに

　2022年11月、OpenAIから**ChatGPT**が公開され、世界中のユーザーの注目を集めました。Difyに興味を持ち、本書を手に取っていただいた方はおそらく、ChatGPTを既に使ったことがあるのではないでしょうか。私自身、ChatGPTを最初に触ったときは「面白いけれど、まだ実用的ではない技術だな···」と感じていました。しかし、あっという間に精度が向上し、翻訳、要約、文章作成、アイディアの壁打ち、プログラミング支援など、今では**生成AI**がない状態で仕事をすることにストレスを感じるほど不可欠な存在となっています。

　一方で、このような話を周囲の方に話すと「そこまで使っていない」「何に使えるの？」という反応が返ってくることも多いのが現状です。SNSなどで見る華々しい活用事例と、実際の活用度合いには、まだ大きなギャップがあるようです。もちろん、生成AIがあらゆる場面で万能というわけではありませんが、基本的な使い方を学ぶだけで、これほど多くの活用の可能性がある技術は珍しいのではないでしょうか。

　生成AIの活用が進まない要因の1つとして、個人利用を超えて組織の業務プロセスに組み込むためのハードルの高さがあります。ChatGPTなどを個人的に利用するのは簡単ですが、「この業務プロセスに生成AIを組み込んで効率化したい」と思っても、専用アプリケーションを開発するとなるとプログラミングの専門知識が必要です。外注するにしても数百万円の予算がかかることもあります。

　このような状況では、頻繁に行う重要業務のアプリケーション化には投資対効果が見込めても、部門内の小規模な業務や数か月に1度しか行わない作業にまで生成AIをシステムとして組み込むことは、開発コストと労力が効果に見合わないと判断されがちです。結果として、組織内での生成AI活用は「個人が単発的に使う」レベルにとどまってしまうことが多いのです。

　そこで本書で紹介する「Dify」というツールが役立ちます。Difyを使えば、

複雑なプログラミング知識がなくても、レゴブロックを組み立てるような直感的な操作で生成AIアプリを素早く作成できます。例えば、顧客問い合わせ対応ボット、社内資料の検索システム、営業資料の自動生成ツールなど、業務に即したアプリケーションを短期間で構築できます。

　さらに重要なのは、これらのツールをエンジニアではなく、業務を一番理解している当事者自身が作れるようになることです。外注開発では「作ってもらったけど、ちょっとここが使いにくい‥‥」という状況が生じがちですが、Difyを使えば、自分で作ったアプリケーションを自由に修正したり、新機能を追加したりすることができます。

　また、生成AIの基盤モデルはOpenAI、Google、Anthropicなどの企業間で熾烈な競争が行われ、日々進化しています。これらの企業は、API（プログラムから簡単に利用できる接続インターフェース）という形でサービスを提供しています。Difyはこれらの最新APIを柔軟に組み込めるため、特定の企業に依存することなく、常に最先端の生成AIを活用したアプリケーションを維持できます。これにより、生成AI技術全体の発展の恩恵をすぐに業務に取り入れることが可能になります。

　本書では技術的なバックグラウンドがないビジネスパーソンの方々でも理解いただけるように、言語モデルの基本から、Difyでのアプリケーション開発、RAG（検索拡張生成：自社データを活用するための技術）やAIエージェントの技術まで幅広く解説しています。本書が少しでも皆さんの生成AI活用の一歩を後押しできれば幸いです。

にゃんた

目次

はじめに　iii

Chapter 1　大規模言語モデル活用の基本　1

1.1　言語モデルの基本理解　2
- 1-1-1　》ChatGPTの社会的インパクト　2
- 1-1-2　》従来のAI技術が抱える課題　2
- 1-1-3　》言語モデルの能力　3
- 1-1-4　》生成AI分野における言語モデルの特長　4

1.2　言語モデル活用の課題とDifyの必要性　6
- 1-2-1　》言語モデルを使う際のコストの課題　6
- 1-2-2　》データプライバシーの課題　7
- 1-2-3　》運用ワークフローの課題　7
- 1-2-4　》Difyによる課題解決　8
- 1-2-5　》Difyを効果的に使うための基礎知識　10

1.3　言語モデルの仕組みと特性　11
- 1-3-1　》予測による文章生成の仕組み　11
- 1-3-2　》確率的な予測の特徴と限界　12
- 1-3-3　》言語や分野による性能差　13

1.4　プロンプトエンジニアリングの基本理解　14
- 1-4-1　》効果的な指示の重要性　14
- 1-4-2　》プロンプト設計の基本原則　15
- 1-4-3　》具体的なプロンプト作成手法　17

Chapter 2　Difyの環境構築とセットアップ　25

2.1　Difyの基本と特徴　26
- 2-1-1　》生成AIアプリ開発プラットフォームDify　26

- 2-1-2 » 非エンジニアでもAIアプリケーションを開発できる …… 27
- 2-1-3 » 外部情報やシステムとの連携 …………………………… 28
- 2-1-4 » 導入形態を柔軟に選択できる …………………………… 29

2.2 クラウド版Difyで作る初めてのアプリケーション …… 32
- 2-2-1 » クラウド版のアカウント作成とセットアップ ………… 32
- 2-2-2 » シンプルなチャットボットの開発 ……………………… 33
- 2-2-3 » アプリケーションの管理と運用 ………………………… 38

2.3 コミュニティ版Difyのセットアップ ……………………… 40
- 2-3-1 » Dockerによる実行環境の理解 ………………………… 40
- 2-3-2 » インストール手順と環境構築 …………………………… 41
- 2-3-3 » Dockerのインストール …………………………………… 42
- 2-3-4 » Difyのソースコード取得 ………………………………… 45
- 2-3-5 » Docker Composeでコンテナの作成と起動 ………… 46
- 2-3-6 » アプリケーションの動作確認とログイン …………… 48

2.4 言語モデルの設定とAPIの基礎 …………………………… 50
- 2-4-1 » APIの基本を理解する …………………………………… 50
- 2-4-2 » 言語モデルの選択基準 …………………………………… 56

2.5 アプリケーションタイプの選択 …………………………… 58
- 2-5-1 » 各アプリタイプの特徴と機能 …………………………… 59
- 2-5-2 » 処理の複雑さによるアプリタイプの選択 …………… 60
- 2-5-3 » インターフェースの種類によるアプリタイプの選択 … 60
- 2-5-4 » エージェントアプリの特徴 ……………………………… 61

Chapter 3 テキスト処理を行うアプリケーション開発 …… 63

3.1 本書での学習リソースの概要 ……………………………… 64
- 3-1-1 » DSLファイルの概要 ……………………………………… 64
- 3-1-2 » GitHubリポジトリの利用ガイド ……………………… 65
- 3-1-3 » DSLファイルのインポート手順 ……………………… 66
- 3-1-4 » 設定時の注意点 …………………………………………… 68

3.2 変数機能で作るレポート生成アプリ ……………………… 68
- 3-2-1 » レポート作成アプリケーションの概要 ……………… 68
- 3-2-2 » テキストジェネレーターでのアプリケーション作成 … 69

	3-2-3 » プロンプトの設定	70
	3-2-4 » 変数機能の基本	72
	3-2-5 » 変数の詳細設定	73
	3-2-6 » アプリケーションの動作確認	74
	3-2-7 » アプリケーションの公開と実行	77

3.3 高度なアプリタイプの基本　78

- 3-3-1 » チャットフローとワークフローのアプリタイプ　78
- 3-3-2 » 高度なアプリタイプの基礎　78
- 3-3-3 » 変数の基本概念　81
- 3-3-4 » システム変数の概要　83

3.4 文書校正アプリケーションの開発　84

- 3-4-1 » 文書校正アプリの概要　84
- 3-4-2 » アプリケーションの基本設計　85
- 3-4-3 » 入力データの受け取り方を設定　86
- 3-4-4 » 言語モデルによる校正処理の設定　87
- 3-4-5 » 校正結果の表示方法を設定　92
- 3-4-6 » アプリケーションのテストと調整　94
- 3-4-7 » アプリケーションの公開と利用　95
- 3-4-8 » アプリケーションの拡張性を高める　96

3.5 条件分岐を活用した文書処理アプリの開発　98

- 3-5-1 » 文書処理アプリケーションの概要　98
- 3-5-2 » アプリケーションの基本設計　99
- 3-5-3 » 開始ノードでの入力設定　100
- 3-5-4 » IF/ELSEノードによる処理の分岐　101
- 3-5-5 » LLMノードの設定と処理の実装　104
- 3-5-6 » 変数集約器ノードによる結果の統合　106
- 3-5-7 » テンプレートノードによる出力の整形　108
- 3-5-8 » 終了ノードの設定と出力　112
- 3-5-9 » アプリケーションのテストと実行　113

3.6 JSONモードで作る文章アシストアプリ　115

- 3-6-1 » 文章アシストアプリの概要　115
- 3-6-2 » アプリケーションの基本設計　116
- 3-6-3 » 入力データの設定　117
- 3-6-4 » LLMノードの設定と処理の実装　118
- 3-6-5 » アプリケーションのテストと実行　126

3.7 問い合わせ対応チャットボット開発 …… 129
- 3-7-1 » 問い合わせ対応チャットボットの概要 …… 129
- 3-7-2 » アプリケーションの基本設計 …… 130
- 3-7-3 » 開始ノードでの入力設定 …… 131
- 3-7-4 » 質問分類器ノードの実装 …… 131
- 3-7-5 » LLM ノードの設定 …… 135
- 3-7-6 » 変数集約器ノードと回答ノードの設定 …… 137
- 3-7-7 » アプリケーションの実行と改善のポイント …… 140

Chapter 4 ファイル処理を行うアプリケーション開発 …… 143

4.1 ファイル処理機能で作る QA 自動生成アプリ …… 144
- 4-1-1 » QA 自動生成アプリの概要 …… 144
- 4-1-2 » アプリケーションの基本設計 …… 144
- 4-1-3 » ファイル入力の設定と変数の定義 …… 145
- 4-1-4 » PDF からのテキスト抽出機能の実装 …… 148
- 4-1-5 » LLM ノードの設定とプロンプトの実装 …… 150
- 4-1-6 » 出力形式の整形と表示 …… 151
- 4-1-7 » アプリケーションの実行とテスト …… 153

4.2 チャットフローによる PDF 対話アプリの開発 …… 154
- 4-2-1 » PDF 対話アプリの概要 …… 154
- 4-2-2 » アプリケーションの基本設計 …… 155
- 4-2-3 » ファイル処理のための変数設定 …… 156
- 4-2-4 » 利用方法の説明文の表示 …… 159
- 4-2-5 » 説明文の実装 …… 160
- 4-2-6 » PDF コンテンツの処理設定 …… 163
- 4-2-7 » 回答生成の実装 …… 163
- 4-2-8 » アプリケーションの実行とテスト …… 165

4.3 複数の手法で実現する PDF 要約アプリの開発 …… 167
- 4-3-1 » 文書要約アプリの概要 …… 167
- 4-3-2 » アプリケーションの基本設計 …… 168
- 4-3-3 » PDF ファイルの取得とテキスト抽出 …… 169
- 4-3-4 » 並列処理による要約処理の実装 …… 170
- 4-3-5 » 要約結果の表示形式の設計 …… 172

	4-3-6 » アプリケーションの実行とテスト	174
4.4	**ワークフローを活用した複数ファイルの一括要約**	**175**
	4-4-1 » 複数ファイル要約アプリの概要	175
	4-4-2 » アプリケーションの基本設計	176
	4-4-3 » ワークフローツールの基本設定	177
	4-4-4 » 開始ノードの設定	179
	4-4-5 » イテレーションノードの実装	180
	4-4-6 » 結果の整形と出力設定	183
	4-4-7 » アプリケーションの実行とテスト	186
4.5	**マルチモーダルモデルによる画像処理の基本**	**187**
	4-5-1 » 画像処理アプリの概要	187
	4-5-2 » アプリケーションの基本設計	188
	4-5-3 » LMMによる画像処理の実装	189
	4-5-4 » アプリケーションの実行とテスト	191
	4-5-5 » 特定情報の抽出機能の実装	192
	4-5-6 » LMMで画像を扱う際の制限事項	195
	4-5-7 » 画像処理のコスト	195
4.6	**音声認識を活用した議事録作成アプリの開発**	**197**
	4-6-1 » 音声処理アプリの概要	197
	4-6-2 » アプリケーションの基本設計	197
	4-6-3 » 開始ノードと条件分岐の設定	198
	4-6-4 » 音声認識による文字起こしの実装	200
	4-6-5 » 会話データの保持と再利用の実装	203
	4-6-6 » 議事録を作成するLLMの設定	205
	4-6-7 » アプリケーション起動時の案内設定	206
	4-6-8 » 質問応答機能の実装	207
	4-6-9 » アプリケーションの実行とテスト	208

Chapter 5　Difyで実現するRAGアプリケーション開発　211

5.1	**RAGによるビジネス課題の解決**	**212**
5.2	**はじめてのRAGアプリケーション開発**	**216**
	5-2-1 » ナレッジベースの作成と設定	216

	5-2-2 » チャットフローによるRAGの実装	220
5.3	**RAGシステムの仕組みと検索技術の基礎**	**227**
	5-3-1 » RAGシステムの全体像	227
	5-3-2 » 検索・抽出のための前処理	228
	5-3-3 » 検索アルゴリズムの設定	230
	5-3-4 » 検索精度を高めるリランク技術	237
5.4	**複数の業務文書を活用したRAGアプリケーションの実践**	**239**
	5-4-1 » 文書特性に応じたナレッジベースの設計	239
	5-4-2 » 複数ナレッジの統合と知識取得ノードの実装	241
	5-4-3 » RAGシステムの精度向上とトラブルシューティング	244
	5-4-4 » Q&A形式による高精度化の実現	245
5.5	**文脈を考慮したRAG検索システムの実装**	**247**
	5-5-1 » RAGシステムにおける文脈理解の重要性	247
	5-5-2 » 文脈対応したRAGの基本設計	248
	5-5-3 » 入力内容の分類システムの実装	249
	5-5-4 » クエリ変換システムの構築	250
	5-5-5 » RAG以外のフローを実装する	253
	5-5-6 » 動作確認とデバッグ	254
	5-5-7 » 回答がうまく生成されない場合	256
5.6	**RAGシステムの現状の限界**	**257**
	5-6-1 » 要約生成における制約	257
	5-6-2 » 非テキストデータ処理の課題	258
	5-6-3 » 表形式データ処理の限界	259
	5-6-4 » 複雑な検索クエリへの対応	260

Chapter 6 ツールを活用したDifyの機能拡張と外部システム連携 ……… 261

6.1	**ツール機能の基礎**	**262**
	6-1-1 » ツール機能によるアプリケーションの拡張	262
	6-1-2 » ツールプラグインの全体像	262
	6-1-3 » DALL-Eによる画像生成アプリの開発	264
	6-1-4 » アプリケーションの概要	264
	6-1-5 » ツールプラグインの設定方法	265

- 6-1-6 » DALL-E ツールの利用 …… 266
- 6-1-7 » アプリケーションの実行と動作確認 …… 268

6.2 ウェブ検索ツールを活用した情報収集アプリの開発 …… 269
- 6-2-1 » ウェブ検索による最新情報の取得 …… 269
- 6-2-2 » ウェブ検索ツールを組み込んだアプリケーション開発 …… 270
- 6-2-3 » 検索クエリ生成機能の実装 …… 271
- 6-2-4 » 現在の日時情報の取得 …… 272
- 6-2-5 » 検索クエリ作成用のLLMノードの設定 …… 274
- 6-2-6 » Tavily Searchによるウェブ検索 …… 275
- 6-2-7 » 検索精度を高めるフィルタリング処理 …… 279
- 6-2-8 » 複数の検索を同時に実行する …… 281
- 6-2-9 » 引用元を含めた回答生成フローの構築 …… 282
- 6-2-10 » アプリケーションの実行と動作確認 …… 285

6.3 Googleスプレッドシートと連携したデータ管理の基礎 …… 286
- 6-3-1 » Google Apps Scriptとの連携によるデータの保存 …… 287
- 6-3-2 » 作成するアプリケーションの概要 …… 288
- 6-3-3 » スプレッドシートの作成と設定 …… 288
- 6-3-4 » Google Apps Scriptのプログラムの実装 …… 290
- 6-3-5 » ウェブサービスとしての公開手順 …… 296

6.4 DifyとGoogleスプレッドシートの連携 …… 299
- 6-4-1 » スプレッドシート連携アプリの設計 …… 299
- 6-4-2 » 画像からテキストを情報抽出する …… 300
- 6-4-3 » HTTPリクエストの概要 …… 301
- 6-4-4 » HTTPリクエストノードの設定 …… 302
- 6-4-5 » 環境変数の活用 …… 303
- 6-4-6 » レスポンス処理の実装 …… 305
- 6-4-7 » 処理結果の表示設計 …… 308
- 6-4-8 » アプリケーションの実行と動作確認 …… 310

6.5 再利用可能なカスタムツールの作成と活用 …… 311
- 6-5-1 » カスタムツールによる外部連携の基礎 …… 311
- 6-5-2 » 請求書データ登録ツールの開発 …… 312
- 6-5-3 » カスタムツールの作成 …… 313
- 6-5-4 » アプリケーションでの活用 …… 316
- 6-5-5 » カスタムツールの設定 …… 319
- 6-5-6 » アプリケーションの動作確認 …… 319
- 6-5-7 » カスタムツールとHTTPリクエストノードの使い分け …… 320

Chapter 7 AIエージェントを活用したアプリケーション開発 321

7.1 AIエージェントの基本 322
- 7-1-1 » AIエージェントとは？ 322
- 7-1-2 » 生成AIの台頭におけるAIエージェント 323
- 7-1-3 » AIエージェントの基本技術 324

7.2 AIエージェントを活用した基本アプリ 326
- 7-2-1 » AIエージェントアプリの概要 326
- 7-2-2 » エージェントアプリ作成の基本 326
- 7-2-3 » エージェントが利用できる機能の設定 328
- 7-2-4 » アプリの動作確認 329
- 7-2-5 » AIエージェントの仕組みの確認 331
- 7-2-6 » ナレッジの検索クエリの設定 331

7.3 AIエージェント導入の考え方 334
- 7-3-1 » AIエージェントが適しているタスク 334
- 7-3-2 » AIエージェントの問題点 336
- 7-3-3 » Difyのワークフロー型のアプリケーション 337

さらなる学習とコミュニティサポート 339
索引 345
執筆者紹介 347

Chapter 1

大規模言語モデル活用の基本

1.1 言語モデルの基本理解
1.2 言語モデル活用の課題とDifyの必要性
1.3 言語モデルの仕組みと特性
1.4 プロンプトエンジニアリングの基本理解

1.1 言語モデルの基本理解

ChatGPTの登場により、私たちの働き方や生活が大きく変わろうとしています。ビジネスの現場では、企画書の作成、顧客対応の効率化、データ分析など、さまざまな場面でAIの活用が進んでいます。その中核となっているのが**大規模言語モデル**（Large Language Model：LLM）という技術です。

1-1-1 》 ChatGPTの社会的インパクト

ChatGPTは2022年11月の公開以来、わずか2か月で1億人以上のユーザーを獲得したと言われています。これは一般ユーザー向けソフトウェア史上最速のペースであり、InstagramやTikTokなどの人気サービスをも上回る驚異的な普及速度でした。

ChatGPTが多くの人々を魅了する特長として、汎用性の高さと使いやすさがあります。ChatGPTは質問への回答、文章作成、コーディング支援、翻訳など、さまざまなタスクを1つのAIモデルで行うことができます。しかも、それぞれのタスクを行うために特別な操作方法を覚える必要がなく、チャットという多くの人に馴染みのあるインターフェースで自然に利用することができます。このような使いやすさと高い処理能力の組み合わせにより、リリース後、爆発的な普及に繋がりました。

1-1-2 》 従来のAI技術が抱える課題

ChatGPTが登場する前のAIブームでも、AIによる効率化には大きな期待が寄せられていました。AIが搭載された家電や電化製品などについて耳にしたことがあるのではないでしょうか。しかし、従来のAIには大きく分けて2つの制約があります。

1つ目は**用途が限定的**という点です。例えば、従来のAIでは翻訳用に開発したAIのモデルは、翻訳以外の要約やQAなどのタスクに直接転用することはできません。そのため、解きたいタスクに応じて個別にモデルを開発する必

要があります。

2つ目は**開発コストの高さ**です。AIの開発には大量の学習データが必要で、そのデータの収集と整備に多大な時間と労力がかかります。また効率的に学習を行うためには、モデリングの専門知識が必要となり、開発には数千万円単位のコストが発生することも珍しくありません。

▼図1-1　従来のAI

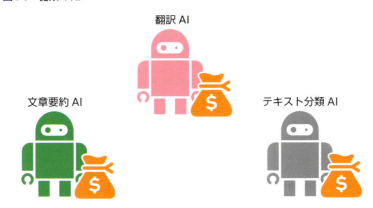

こういった制約から、規模が大きく効果が出やすい大企業や特定の産業以外では、AIの導入がなかなか進みにくい状況でした。多くの場合、開発や運用にかかるコストに見合うだけの効果を得るのが難しい状況だったのです。

1-1-3 ≫ 言語モデルの能力

LLMの最大の特徴は、**1つのAIでさまざまな言語タスクをこなせる**ことです。与えられた文章の続きを自然に生成できるため、翻訳や要約、質問への回答など、これまでバラバラのAIで行っていた作業を1つのモデルで処理できます。例えば翻訳では、入力された日本語の後に翻訳文を自然に続けて生成し、質問に対しては適切な回答文を生成します。

▼図1-2　LLMの特徴

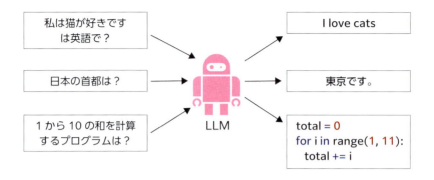

このようにLLMの登場により、テキストを扱う個別のAIを作る必要性が大きく減りました。

1-1-4 》 生成AI分野における言語モデルの特長

現在、言語モデル以外にもさまざまな種類の生成AIが注目を集めています。画像を作り出す画像生成AI、人の声を合成する音声合成AI、動画を制作する動画生成AIなど、各分野での革新的な技術が次々と登場しています。これらの生成AIはそれぞれの分野で優れた能力を発揮しますが、実際のビジネス活用の範囲を考えると、言語モデルと比べて使える場面が限られています。

》 画像生成AIの特徴と限界

例えば画像生成AIでは、**テキストの指示から高品質な画像を生成する**ことができます。マーケティング素材の作成やウェブサイトのビジュアル制作など、ビジネスにおける画像制作の効率化に大きく貢献しています。

▼図1-3　画像生成AIの概要

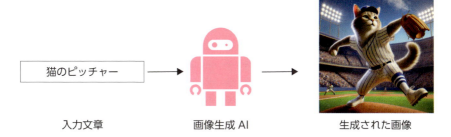

入力文章　　　画像生成AI　　　生成された画像

　これは驚くべき技術である一方で、主に新しい画像の生成に特化しているため、従来の画像分析や認識タスクとは用途が異なります。例えば、セキュリティカメラでの不審者検知や、製品の外観検査などの分析タスクには適用が困難です。そのため画像生成AIも生成AIの一種ですが、基本的に**画像に関する業務課題の一部に特化した技術**と言えます。

》 言語モデルの特長

　LLMは前述した通り、1つのモデルで異なる複数のタスクを解くことができます。例えば、これまでのAIで解いていたタスクとしては文章の要約、翻訳、感情分析（ポジティブ・ネガティブの判定）などさまざまなものがありましたが、これらはLLMで解くことができるようになりました。

　シンプルに考えると、これらのタスクはすべて**テキストを入力して別のテキストを出力する**という共通点があります。AIが「与えられた文章の後には何が続くか」を高精度に予測できれば、さまざまな言語タスクを1つのモデルで処理できるのです。例えば翻訳なら「英文の後に『日本語訳：』と書いて続きを予測させる」、要約なら「長文の後に『要約：』と書いて続きを予測させる」といった形で考えるとわかりやすいでしょう。実際には、このような単純なプロンプトではなく、より洗練された形で指示を与えることが多いですが、根底にある原理は**次に続く文章の予測**という仕組みです。

　こうした柔軟性により、言語モデルは多様なタスクに対応できるため、テキストを扱う多くのビジネスシーンで活用できます。そのため生成AIの中でも言語モデルは特にビジネスへの影響が大きく、注目すべき存在と言えます。

1.2 言語モデル活用の課題とDifyの必要性

　言語モデルはビジネスのさまざまなシーンで活用が期待されますが、実際に仕事で使おうとすると**コスト**や**データプライバシー**、**運用ワークフロー**など、いくつかの課題が生じます。本節では、これらの課題とDifyを活用することでどのように解決できるのかを解説します。

1-2-1 ≫ 言語モデルを使う際のコストの課題

　言語モデルを活用する場合、ChatGPTなどのウェブアプリをブラウザから利用するのが最も簡単です。ただしこの場合、組織として一斉に導入しようとするとコストが問題となることがあります。

　例えば、本格的にChatGPTを使う場合、ChatGPT Plus(有料版のChatGPT)に申し込む必要があります。本書執筆時点ではChatGPT Plusはユーザーあたり20ドル/月、ChatGPT Teamプランではユーザーあたり30ドル/月となります。仮に従業員100人規模の組織を考えると全員分契約した場合、月額2,000～3,000ドルと大きな出費となってしまいます。

　さらに全員分契約したとしても、従業員により利用頻度にばらつきが生じたり、長期休みにはほとんど利用しないということが予想され、非効率な支出が生じてしまう可能性があります。

▼図1-4　負担の課題

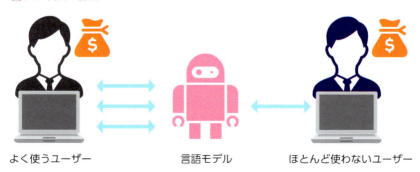

よく使うユーザー　　　言語モデル　　　ほとんど使わないユーザー

1-2-2 データプライバシーの課題

　言語モデルを利用すると、ユーザーが入力した情報は必然的に言語モデルを提供する企業のサーバーに送信されることになります。そのため、企業の機密情報や顧客の個人情報を扱う必要がある場合、情報漏洩のリスクが懸念されます。

▼図1-5　データプライバシーの課題

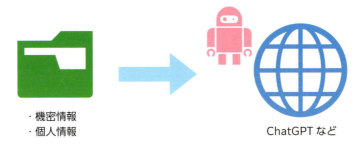

　特にデータ管理の規制が厳しい業界（医療、金融など）や大企業においては、セキュリティポリシーの観点から、ChatGPTを提供するOpenAIやChatGPTの競合サービスを提供するAnthropicのような比較的新しい企業のサービスの導入が難しい場合があります。

1-2-3 運用ワークフローの課題

　上記は主に導入する際の課題ですが、実際に具体的な業務に適用する際にも課題が生じます。
　例えば、ChatGPTを活用して会議の録音データから議事録を作成したい場合を考えてみると、次のような流れになるでしょう。

❶ 音声ファイルを文字起こしツールに入れて文字に変換
❷ 文字起こしの結果をChatGPTに貼り付けて議事録形式に整形
❸ 生成された議事録をコピーして社内の文書管理システムに保存

　このように言語モデルを業務に組み込もうとすると、ChatGPTの利用以外にも、データの前処理や保存といった**付随的な作業が発生することが多い**

です。こうした追加作業を手作業で行う場合、言語モデル活用による効率化の効果を一部相殺してしまう可能性があります。

▼図1-6　言語モデル利用に伴う作業の発生

1-2-4 》 Difyによる課題解決

Difyでアプリケーションを開発することで、これらの課題を解決することが期待できます。Difyは言語モデルを利用しやすくするだけでなく**コスト面・データプライバシー面・ワークフロー面**の課題にも一定対応する特長を有しています。

》 コストの最適化

Difyでは言語モデルを利用する際に**APIを活用した従量課金制**を採用することができます。これにより、定額の支払いではなく、実際の**利用量に応じた支払いが可能**になります。その結果、利用頻度の差や、使用しない場合の無駄な支出を抑制できます。

さらにタスクに応じたモデルの選択も自由に行えます。例えば、難しいタスクには高性能なモデルを利用して、簡単なタスクでは安価なモデルを使い分けるなどで、タスク単位でのコストの最適化が可能となります。

▼図1-7　言語モデルの使い分け

》データプライバシーへの対応

データプライバシーの課題に対して、一般的に考えられるのは外部の会社がインターネット経由で提供している言語モデルを使うのではなく、独自の言語モデルを自分の用意した環境で開発・運用するという選択肢です。しかし、現状ではモデルの精度面での課題やインフラ整備のコストが高く、すべてを自分の環境で完結させることは現実的ではない部分が多くあります。

より実践的な解決策として、実績があるクラウドベンダーのセキュアなサービスを利用する方法が挙げられます。その代表例として、MicrosoftのAzure OpenAIが挙げられます。Azure OpenAIは、OpenAIの言語モデルをMicrosoftの信頼性の高いクラウド環境で利用することができるAPIサービスを提供しています。

▼図1-8　Azure OpenAI

このサービスを利用する場合、データの処理がすべてAzure環境内で完結するため、既にMicrosoftのサービスを導入している企業にとってはセキュリティポリシーの観点から導入しやすいメリットがあります[注1]。

Difyでは、このAzure OpenAIを含むさまざまな企業の言語モデルのAPIを簡単に使うことができます。これにより、企業のニーズやセキュリティ要件に応じて、データプライバシーを守りながら言語モデルの活用を進めることができるでしょう。

注1　Data, privacy, and security for Azure OpenAI Service
https://learn.microsoft.com/fr-fr/legal/cognitive-services/openai/data-privacy?tabs=azure-portals

》運用ワークフローの自動化

　Difyでは単純に言語モデルが利用できるだけでなく、言語モデルを利用することにより発生する付随した処理を行う機能も幅広く提供しています。

　例えば、先ほどの議事録作成の例だと、音声ファイルからの文字起こしを行うための機能（音声認識モデルを利用する機能）や、作成した議事録を外部のシステムに保存する機能なども簡単に利用できます。そのため、これらの機能を組み合わせることでDify上で1つのアプリケーションとして、一連の工程（データの前処理、言語モデルの利用、成果物の保存など）をまとめて自動化することができます。

▼図1-9　Difyによる議事録作成の例

　このようにDifyは、さまざまな機能を組み合わせて**独自のワークフローを構築**することができるので、皆さんの仕事に合わせた柔軟なアプリケーションを作成することができます。

1-2-5 》 Difyを効果的に使うための基礎知識

　Difyを活用するためにはDifyの操作方法だけでなく、言語モデルの特性を理解することも重要です。

　Difyで作るアプリケーションの多くは言語モデルを利用します。そのため、言語モデルが得意なこと・不得意なことや、質が高い文章を生成するための指示の書き方（プロンプトエンジニアリング）の基本を理解しておくとよいでしょう。特に言語モデルは、同じことを実現したい場合でも、指示の仕方によって出力の質が大きく変わってきます。Chapter 1では主に言語モデルの使い方の基本を解説していくことにします。

1.3 言語モデルの仕組みと特性

ここでは言語モデルの基本的な仕組みと重要な注意点を理解していきましょう。数式など技術的な詳細は必要ありませんが、動作の基本的な考え方を知っておくと、言語モデルの得意・不得意がわかり、より効果的に活用できます。

1-3-1 》 予測による文章生成の仕組み

ChatGPTなどの言語モデルは、基本的には「次にどの単語が来るか」を予測するというシンプルな仕組みを繰り返すことで動作しています。

▼図1-10　言語モデルの予測

例えば「今日の天気は？」という入力に対して、言語モデルは文脈に合った次の単語を予測します。「晴れ」「雨」といった天気に関連する単語は選ばれやすく、「猫」「自転車」といった無関係な単語は選ばれにくくなります。

このような予測と選択のプロセスは、1つの単語が選ばれるたびに繰り返し行われます。「今日の天気は晴れ」と続いた場合、今度はこの文脈に適した次の単語（「です」「で」「なので」など）が予測され、また選択が行われます。ChatGPTを使っていると、タタタッとタイピングをしているかのように文字が次々と表示されますが、これは裏側でこの予測と選択のプロセスがリアルタイムに実行されているためです。

▼図1-11　予測のイメージ

```
ユーザー：今日の天気は？　　LLM：今日
ユーザー：今日の天気は？　　LLM：今日の
ユーザー：今日の天気は？　　LLM：今日の天気
ユーザー：今日の天気は？　　LLM：今日の天気は
ユーザー：今日の天気は？　　LLM：今日の天気は晴れ
ユーザー：今日の天気は？　　LLM：今日の天気は晴れです。
```

1-3-2 ≫ 確率的な予測の特徴と限界

単語の「選ばれやすさ」は、**言語モデルが学習した膨大なテキストデータ**に基づいて決定されます。

▼図1-12　学習データの影響

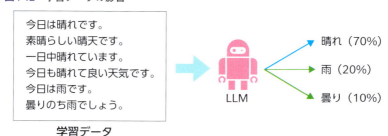

例えば上図のように、学習データの中に「今日は晴れです」「素晴らしい晴天です」など、「晴れ」に関する記述が多く含まれていれば、「今日の天気は」という入力に対して「晴れ」が選ばれやすくなります。

重要なのは、この「選ばれやすさ」は**確率的な性質を持つ**という点です。ここでは「今日の天気は」という入力に対して、言語モデルは「晴れ」が70％、「雨」が20％、「曇り」が10％というような確率で選ばれる可能性を計算しています。そのため、最も確率の高い「晴れ」が選ばれやすいものの、時には「雨」や「曇り」が選ばれることもあります。

また言語モデルは、単に学習データの文章をそのまま出力するわけではありません。例えば、「曇り」という単語が天気に関する文脈で学習データに含まれていれば、「曇り」も天気を表す単語として理解し、適切な確率を割り当てる

ことができます。このように、言語モデルは学習したパターンを組み合わせて新しい文章を生成したり、文脈から適切な単語を予測したりする能力を持っています。上記の仕組みを理解すると、**言語モデルは「正しい」答えを知っているわけではない**ということがわかります。あくまでも学習データの中で「よく見られた」パターンに基づいて予測を行っています。

1-3-3 ≫ 言語や分野による性能差

　言語モデルの性能は学習データの量に大きく影響されます。例えば、英語のテキストは世界中で大量に作られており、言語モデルの学習データとしても豊富に存在します。一方、日本語のテキストは相対的に少なくなります。そのため、同じ言語モデルでも、英語のほうがより自然な文章を生成できる傾向にあります。

▼図1-13　言語モデルの性能

Language	o1	o1-preview	GPT-4o	o1-mini	GPT-4o-mini
Arabic	**0.8900**	0.8821	0.8155	0.7945	0.7089
Bengali	**0.8734**	0.8622	0.8007	0.7725	0.6577
Chinese (Simplified)	**0.8892**	0.8800	0.8335	0.8180	0.7305
English (not translated)	**0.9230**	0.9080	0.8870	0.8520	0.8200
French	**0.8932**	0.8861	0.8437	0.8212	0.7659
German	**0.8904**	0.8573	0.8292	0.8122	0.7431
Hindi	**0.8833**	0.8782	0.8061	0.7887	0.6916
Indonesian	**0.8861**	0.8821	0.8344	0.8174	0.7452
Italian	**0.8970**	0.8872	0.8435	0.8222	0.7640
Japanese	**0.8887**	0.8788	0.8287	0.8129	0.7255
Korean	**0.8824**	0.8815	0.8262	0.8020	0.7203
Portuguese (Brazil)	**0.8952**	0.8859	0.8427	0.8243	0.7677
Spanish	**0.8992**	0.8893	0.8493	0.8303	0.7737
Swahili	**0.8540**	0.8479	0.7708	0.7015	0.6191
Yoruba	**0.7538**	0.7373	0.6195	0.5807	0.4583

出典：OpenAI o1 System Card - OpenAI, December 5, 2024

　上の図は、さまざまな言語での言語モデルの性能を示したものです。OpenAIのo1のモデルでのEnglish（英語）の性能が0.92と最も高く、Japanese（日本語）は0.88とやや低くなっています。この差は学習データ量の違いが主な要因と考えられます。また、アフリカの言語であるヨルバ語（Yoruba）は0.75と低

い性能となっており、利用可能な学習データの量が言語モデルの性能に大きく影響することがわかります。

　同じことは専門分野でも言えます。一般的な話題については大量のデータが存在するため精度が高く、専門的な内容や最新の話題については、データが少ないため精度が下がる傾向にあります。このような特性を理解することで、業務での活用場面を適切に判断できます。例えば、一般的な文書作成や情報整理には信頼性が高く、専門的な判断や最新の動向分析には慎重な活用が求められます。

1.4 プロンプトエンジニアリングの基本理解

　言語モデルを十分に活用するためには、適切な指示を出すスキルが欠かせません。このスキルは「プロンプトエンジニアリング」と呼ばれており、言語モデルの可能性を最大限に引き出すための重要な技術です。

1-4-1 》 効果的な指示の重要性

　同じことを質問する場合でも、指示の仕方によって結果は大きく変わります。例えば、「プロンプトエンジニアリングって何？ 200文字で説明して」と簡単に指示した場合と、「プロンプトエンジニアリングって何？ 小学生にもわかるように200文字で説明して」と対象を明確にした場合では、得られる結果の質が大きく異なります。

▼図1-14　プロンプトの違い

> プロンプトエンジニアリングって何？200文字で説明して

🤖 プロンプトエンジニアリングとは、大規模言語モデル（LLM）や生成AIに対して最適な応答を引き出すために、指示や質問（プロンプト）を工夫して設計する技術や手法です。具体的には、AIが望む結果を出しやすくするために、明確かつ具体的な指示を与えたり、段階的な質問を行ったりします。これにより、AIの性能を最大限活用し、精度の高い出力や創造的な回答を得ることが可能となります。

> プロンプトエンジニアリングって何？小学生がわかるように200文字で説明して

🤖 プロンプトエンジニアリングは、AIに質問や命令をする「言葉」を工夫して、AIが正しい答えを出しやすくするテクニックだよ。たとえば、AIに「犬の鳴き声って何？」と聞くより、「犬はどうやって鳴く？」と聞いたほうが、いい答えがもらえることがあるんだ。言葉を工夫することで、AIがもっと正確に、わかりやすく答えられるようにするのがプロンプトエンジニアリングだよ！

　このように、具体的な指示によって目的に合った出力を得られます。これは単なる利便性の問題ではありません。言語モデルの利用にはコストがかかるため、的確な指示で無駄な出力や修正作業を減らすことは、**業務効率とコスト削減**の両面で重要になります。

1-4-2 》 プロンプト設計の基本原則

　プロンプト設計を学ぶ上で最初に理解すべき重要なポイントは、**1回の指示で完璧な結果を得ることは難しい**という点です。多くの場合、私たちが欲しい結果は状況や文脈によって変化し、また作業を進める中で具体的な要望が明確になっていきます。

　例えば、商品の説明文を作成する場合を考えてみましょう。最初は「新商品の腕時計の説明文を書いて」と依頼し、その結果を見て「価格帯を意識した表現を入れて」「デザインの特徴をもう少し入れて」といった具体的な要望を出していくことで、より良い説明文が完成していきます。

▼図1-15 対話的なプロンプト

- 新商品の腕時計の説明文を書いて
- シンプルなデザインの腕時計です。
- 価格帯を意識した表現を入れて
- 手頃な価格で楽しめる、シンプルな腕時計です。
- デザインの特徴をもう少し入れて
- 手頃な価格で楽しめる、スリムなケースと大きな文字盤が特徴の腕時計です。

ユーザー

LLM

　創造的な作業の多くは、試行錯誤を繰り返しながら徐々に完成形に近づいていきます。言語モデルとの対話も同じで、1回で完璧な指示を目指すのではなく、対話を重ねながら望む結果に近づけていくほうが効率的です。

　しかし、だからといってプロンプトの書き方を学ぶ必要がないというわけではありません。プロンプトを適切に設計して最初から的確な指示を出すことができるようになれば、対話を繰り返す回数が減り、時間やコストを削減できます。また、同じような作業を繰り返す場合にもプロンプトは再利用できるので、作業の再現性も確保できます。

　特にDifyでアプリケーションを開発する場合は、このプロンプトの設計が重要になります。アプリケーションを使うユーザーは必ずしも言語モデルに詳しいとは限らず、**効果的な指示の出し方を知らない可能性**があります。

▼図1-16　アプリケーション開発の考慮点

　Difyでは開発者側で事前に適切なプロンプトを設定したアプリケーションを提供することが可能です。これによりユーザーは複雑なプロンプトの書き方を理解することなく言語モデルを活用できるようになります。

1-4-3 》 具体的なプロンプト作成手法

　効果的なプロンプト設計は、質の高い回答を得るために重要です。ここでは、効果的なプロンプトを作成するための基本となる要素を解説します。

》 役割の設定

　言語モデルに**適切な役割**を指定することで、目的に合った回答を得られる可能性が高まります。例えば「熟練プログラマーとしてコードをレビューして」のように具体的な役割を指定します。

▼図1-17　役割の指定

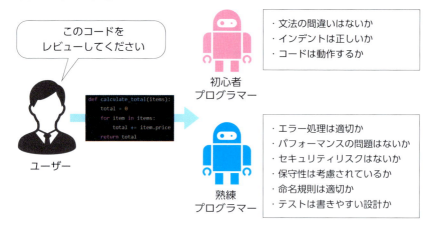

　プログラミングのベストプラクティスをもとにコードレビューをしてもらおうとする場合、一つ一つの規約や方針を細かく指定するのは現実的ではないでしょう。代わりに「熟練したプログラマーとして、このコードをレビューして」と指示することで、**その役割に期待される知識や経験**に基づいて言語モデルが文章を生成しようとしてくれます。

　同様に、営業資料の作成であれば「経験豊富な営業マネージャーとして」、技術文書であれば「テクニカルライターとして」というように、目的に応じた役割を設定することで、より専門的で適切な出力を得やすくなります。

》対象者の設定

　言語モデルが出力する文章が難しい、もしくは簡単と感じる場合は**対象者の設定をすること**で**出力文章の難易度**を調整することができます。

▼図1-18 対象者の設定

　例えば、「AIについて説明して」という指示では、どのレベルの説明が返ってくるか予測が難しいものです。しかし「中学生向けにAIについて説明して」「研究者向けにAIについて説明して」というように対象を明確にすることで、適切な難易度と必要な情報を含んだ説明を得ることができます。
　Difyでのアプリケーション開発においても、想定ユーザーの特性（年齢層、職業、専門知識のレベルなど）を考慮したプロンプトを設計することで、より使いやすいアプリケーションを作ることができます。

》 段階的思考プロセスの活用

　言語モデルに複雑な課題を解かせる場合、一足飛びに結論を求めるのではなく、段階的に考えるプロセスを設計することが重要です。例えば「9.11と9.9はどちらが大きいですか？」という単純な数値比較でも、適切な思考プロセスがないと誤った結果になることがあります。

▼図1-19 段階的に考えさせないパターン

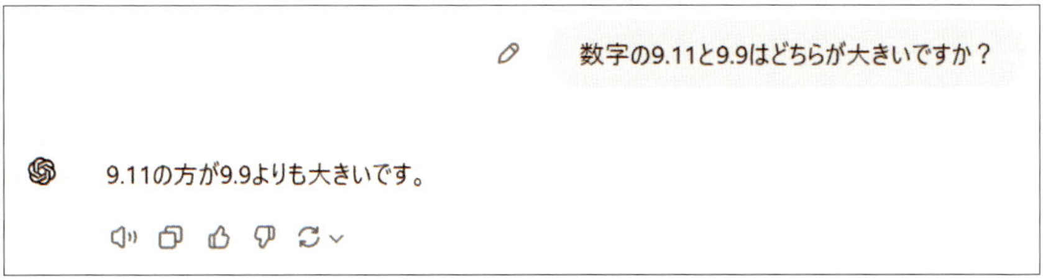

> 数字の9.11と9.9はどちらが大きいですか？
>
> 9.11の方が9.9よりも大きいです。

　このように言語モデルは数値の扱いが苦手で、単純な計算問題でも誤った回答をすることがあります。このような場合、人間が問題を解くように、段階

的に考えるプロセスを設計することで、より正確な結果を得ることができます。具体的には、次の2つのアプローチが効果的です。

》 手順を明示的に指定する方法

1つ目は、必要な思考手順を明示的に指定する手法です。これは複雑な問題を小さなステップに分解し、順序立てて考えさせる方法です。先ほどの数値比較の例では、次のように手順を示すことで正確な回答を導くことができます。

▼図1-20　Chain-of-Thought Prompting

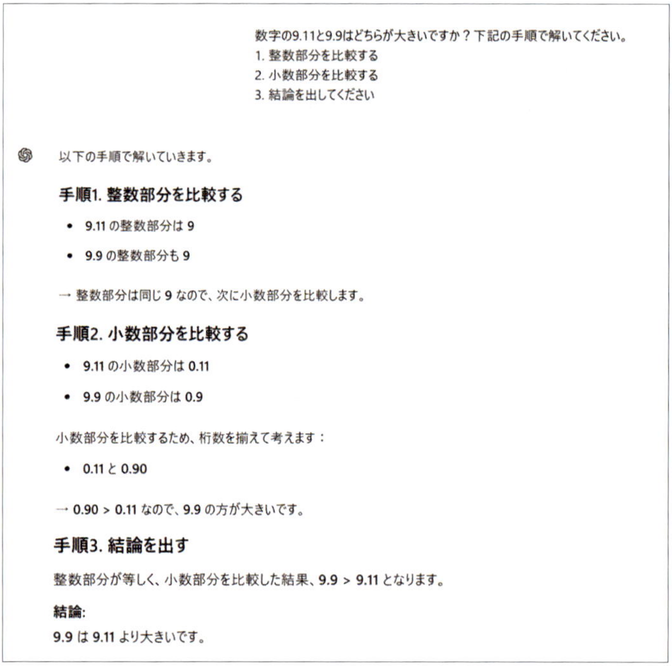

> 数字の9.11と9.9はどちらが大きいですか？下記の手順で解いてください。
> 1. 整数部分を比較する
> 2. 小数部分を比較する
> 3. 結論を出してください

以下の手順で解いていきます。

手順1. 整数部分を比較する
- 9.11 の整数部分は 9
- 9.9 の整数部分も 9

→ 整数部分は同じ 9 なので、次に小数部分を比較します。

手順2. 小数部分を比較する
- 9.11 の小数部分は 0.11
- 9.9 の小数部分は 0.9

小数部分を比較するため、桁数を揃えて考えます：
- 0.11 と 0.90

→ 0.90 > 0.11 なので、9.9 の方が大きいです。

手順3. 結論を出す
整数部分が等しく、小数部分を比較した結果、9.9 > 9.11 となります。

結論：
9.9 は 9.11 より大きいです。

このように、整数部分の比較、小数部分の比較、そして結論という具体的な手順を示すことで、言語モデルは各ステップで適切な判断を行い、正確な結果を導き出すことができます。

》 段階的な思考を促す方法

2つ目は、具体的な手順を示さずに「段階的に考えて」という指示を与える

方法です。この方法では、言語モデルが自分で適切な思考ステップを組み立てて回答を導き出します。

▼図1-21　Zero-Shot Chain-of-Thought Prompting

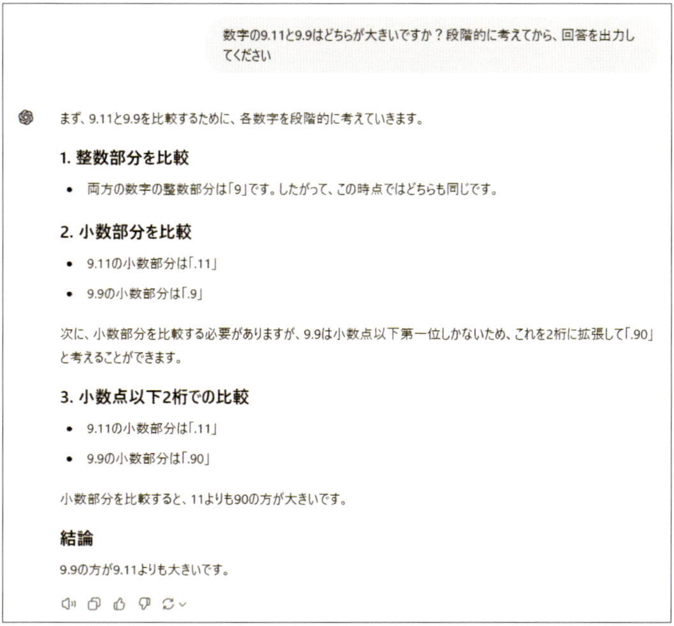

> 数字の9.11と9.9はどちらが大きいですか？段階的に考えてから、回答を出力してください
>
> まず、9.11と9.9を比較するために、各数字を段階的に考えていきます。
>
> **1. 整数部分を比較**
> - 両方の数字の整数部分は「9」です。したがって、この時点ではどちらも同じです。
>
> **2. 小数部分を比較**
> - 9.11の小数部分は「.11」
> - 9.9の小数部分は「.9」
>
> 次に、小数部分を比較する必要がありますが、9.9は小数点以下第一位しかないため、これを2桁に拡張して「.90」と考えることができます。
>
> **3. 小数点以下2桁での比較**
> - 9.11の小数部分は「.11」
> - 9.9の小数部分は「.90」
>
> 小数部分を比較すると、11よりも90の方が大きいです。
>
> **結論**
> 9.9の方が9.11よりも大きいです。

　この手法の特徴は、ユーザーが**具体的な手順を指定する必要がない**という点です。明示的な手順指定の方が確実ですが、問題の性質によって手順が変化する場合や、手順の記述が煩雑になる場合には、このアプローチが有効です。

　1つ目の手法と比べると若干精度は落ちる可能性がありますが、より簡単に利用できるため、まずはこの方法を試してみて、必要に応じて手順を明示的に指定する方法に切り替えるという使い方もできます。

》 段階的思考の効果を理解する

　既に説明したように、言語モデルは入力された文章の次に続く単語を予測する仕組みで動作しています。この「予測」の特性を理解すると、段階的な思考プロセスが効果的な理由が見えてきます。

　段階的思考のアプローチが効果を発揮する背景には、言語モデルの予測メ

カニズムが大きく関係していると考えられます。言語モデルは入力された文章の次に続く単語を予測する仕組みで動作していますが、この際、直前のユーザーの入力だけでなく**言語モデルが生成した文章**も、次の文章を生成する際の入力として使用されています。例えば数値比較の問題では：

> 最初に生成した文章：「整数部分を比較すると、9は同じです」
> 　　　　↓　この文章を入力として、次の文章を予測
> 次に生成した文章：「小数点以下を比較すると、0.11は0.9より小さいです」
> 　　　　↓　これら2つの文章を入力として、次の文章を予測
> 最後に生成した文章：「したがって、9.9のほうが大きいです」

　このように段階的に考えを進めることで、言語モデルは自ら生成した文章も参考にしながら、次の文章を予測できます。特に最後に結論を持ってくることで、それまでのすべての考察を踏まえることができるため、正確な予測が可能になると考えられます。一方、最初から結論を求めようとすると、言語モデルは十分な文脈なしで予測を行わなければならず、誤った結論に至りやすくなります。

> ユーザーの入力：「数字の9.11と9.9はどちらが大きいですか？」
> 　　　　↓
> 考察をせず文章を生成した場合：「9.11のほうが大きいです」

　したがって、特に複雑な問題や正確性が重要な場面では、段階的な思考プロセスを設計し、最後に結論を導くような構成にすることが推奨されます。

　余談ですが私自身、言語モデルを日常的に活用する中でも、この特性を活かしたプロンプトをよく利用します。例えば、複雑なタスクを実行する前に「まずこの問題についてどう考えるか分析してください」と考察を求め、その分析結果が意図と合っているかを確認してから本題に入るというアプローチを取ることが多いです。

　言語モデルの内部で具体的にどのような処理が行われているかは、まだ研究途上の部分も多くありますが、こうした特性を理解し活用することで、より効果的なプロンプト設計が可能になります。

》 構造化と区切り記号の利用

プロンプトを区切り記号でわかりやすく構造化することも推奨されています。区切り記号とは、###、"、XMLタグなどの記号を使って文章の構造や役割を明確に区分する方法です。区切り記号を活用することで、AIへの指示がより明確になり、同時にプロンプトの管理や再利用も容易になります。例えば、次のような指示を考えてみましょう。

> あなたは料理人で栄養士です。健康的な食生活についてアドバイスをください。特に野菜の摂取量について説明してください。また、1日の推奨野菜摂取量を満たすための簡単なレシピも3つ提案してください。それぞれのレシピには材料リストと作り方を含めてください。最後に、野菜の保存方法についてのヒントも5つほど教えてください。全体の文章は簡潔にし、中学生でも理解できるような言葉遣いでお願いします。

この指示文には複数のタスクが含まれていますが、1つの長い文章になっているため、言語モデルが各要求を正確に理解しにくいものとなっています。また、後から人間がプロンプトを設計しなおす際にも、どのような指示を出したのか把握しづらくなります。これを区切り記号を使って構造化すると、次のようになります。

> \# 役割： あなたは料理人で栄養士です。
>
> \# 出力形式： 以下の3つのセクションに分けて回答してください。全体で1000字以内に収めてください。
>
> \# タスク1： 健康的な食生活のアドバイス
> 健康的な食生活について、特に野菜の1日の必要摂取量と種類の多様性の観点からアドバイスを3つ箇条書きで提供してください。
>
> \# タスク2： 野菜を使ったレシピの提案
> 調理時間15分以内、5種類以下の材料で作れる簡単レシピを3つ提案してください。各レシピは以下の形式で記述してください：

➡次ページに

```
## レシピ名
## 調理時間・難易度
## 材料リスト（分量付き）
## 作り方（3〜5ステップ）

# タスク3：野菜の保存方法
冷蔵庫での保存に焦点を当てた、野菜の保存方法についてのヒントを5つ、箇条書きで教えてください。

# 注意事項
- 全体の文章は簡潔にしてください。
- 中学生でも理解できるような平易な言葉遣いでお願いします。
- 専門用語を使う場合は簡単な説明を付けてください。
```

　このように構造化することで、複数のタスクや条件を整理して提示でき、プロンプトの修正や再利用も容易になります。また、チーム内での共有・管理もしやすくなるという利点があります。

　なぜ区切り記号が効果的なのかを考えると、言語モデルの学習データの特徴が関係していると考えられます。言語モデルはインターネット上の大量のテキストデータを学習していますが、その中でも技術文書やプログラミング関連の文書では、これらの記号を使って内容を構造化することが一般的です。そのため、言語モデルはこれらの記号の役割を学習しており、構造化されたプロンプトをより正確に理解できると考えられます。

　ここまで、プロンプトエンジニアリングの基礎について解説してきました。役割の設定、対象者の指定、段階的な思考プロセス、区切り記号の活用など、これらの技術は言語モデルを効果的に活用するための土台となります。もちろん、これらの書き方に厳密に従う必要はありません。実際の業務では、自身の経験や目的に応じて、柔軟にプロンプトを設計していただければと思います。

Chapter 2

Difyの環境構築とセットアップ

- **2.1** Difyの基本と特徴
- **2.2** クラウド版Difyで作る初めてのアプリケーション
- **2.3** コミュニティ版Difyのセットアップ
- **2.4** 言語モデルの設定とAPIの基礎
- **2.5** アプリケーションタイプの選択

2.1 Difyの基本と特徴

2-1-1 》 生成AIアプリ開発プラットフォームDify

▼図2-1　Difyの公式イメージ

　Difyは、生成AIを活用したアプリケーションを簡単に作成することができるプラットフォームです。ChatGPTは便利ですが、多くの人が使いやすい機能を中心に開発が行われています。そのため皆さんが行っている多種多様な業務や、組織での標準化された利用には特化されていません。そのような個々のニーズに応じて言語モデルを最大限活用するには、別途アプリケーションの開発が必要になることがあります。しかし、アプリケーション開発となるとプログラミングのスキルが必要になり、開発するのにも時間がかかってしまいます。

　そのような場合に最適なのがDifyです。Difyでは高度なプログラミングのスキルがなくても、画面上の**直感的な操作**だけで素早くアプリケーションを開発することができます。ここではChapter 1に続いて、より具体的にDifyの強みや特徴などを見ていきましょう。

2-1-2 ≫ 非エンジニアでもAIアプリケーションを開発できる

　Difyの特筆すべき点は、**プログラムをほとんど（もしくはまったく）書くことなくアプリケーションを開発できる**ということです。通常業務効率化のためのアプリケーションを開発する場合、現場の担当者がエンジニアに要望を伝え、機能を実装してもらう形が一般的です。しかし、現場で培われた細かな判断基準や暗黙知をエンジニアに正確に伝えるのは難しく、次のような課題がしばしば起こります。

- 要件定義に多大な時間がかかる
- 完成したアプリケーションが現場のニーズと微妙にずれる
- アプリケーションの修正をするたび、エンジニアとの調整コストが発生する

▼図2-2　エンジニアと開発する難しさ

　一方、Difyでは操作方法を覚えるだけで**業務をよく知る担当者自身**が、ノーコード（あるいはローコード）でアプリケーションを開発できます。例えば、営業部門なら営業担当者が、カスタマーサポート部門ならサポート担当者が、自分たちの業務フローに合わせて設計できるのです。
　このように開発のハードルが減るのは、ノーコードツールの特徴です。Difyではその中でも、生成AIという**極めて汎用性の高い技術を利用したアプリケーションを開発しやすいツール**となっています。現場の仕事を熟知した担当者がDifyの使い方を覚えることで、自身の業務知識と生成AIならではの汎用性を活かした、さまざまな実用的なアプリケーションを生み出すことができるようになるでしょう。

2-1-3 ≫ 外部情報やシステムとの連携

言語モデルは優れた能力を持っていますが、そのままでは**学習済みのデータ以外の情報**について**答えられない**という制約があります。例えば、皆さんの会社の中で扱う情報や、最新のニュースについて言語モデルに聞いても答えることができません[注1]。しかし実務の中では、言語モデルが**学習していない内容についても回答して欲しかったり、外部のシステムと連携**させたい場面が出てきます。

Difyには、このようなことを実現するための機能が用意されています。例えば、PDFや画像ファイルをアップロードして処理できるため、社内の文書を直接読み込んで要約したり、手書きメモの画像を取り込んで活用したりすることが可能です。

また社内の文書や規定集などの情報を参照して言語モデルに回答させる「RAG」という技術も簡単に活用できます。**RAG（Retrieval-Augmented Generation）**とは、あらかじめアップロードした文書から必要な情報を抽出し、生成AIの回答に反映する仕組みのことです。

▼図2-3　RAGのイメージ

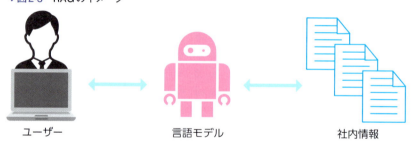

ユーザー　　　　　　　言語モデル　　　　　　　社内情報

他にも、外部のサービスやシステムと連携するための機能も提供されています。例えば、ウェブ検索の結果を取得して言語モデルに要約させたり、スプレッドシートと連携して言語モデルが生成した文章を自動で記録することも可能です。

これらのRAGの開発や、外部システムとの連携を実現しようとすると、本

注1　最近の言語モデルを利用したサービスでは最新のニュースについて回答できるものがありますが、これはウェブ検索の結果を取得して利用しているものです。

来技術的なハードルが高いものです。Difyでは前述したように、これらの機能を比較的簡単に扱うことができます。

2-1-4 》》 導入形態を柔軟に選択できる

Difyを利用するには大きく分けて2つの形態があります。

❶ クラウド版
- ウェブブラウザからアカウント作成ですぐに利用可能
- 初期設定や環境構築が不要

❷ コミュニティ版
- 自社サーバーなどに無料でインストールして利用可能
- カスタマイズが自由に行える

企業のニーズや状況に応じて利用形態を選択できます。それぞれの詳細を見ていきましょう。

》》 すぐに始められるクラウドサービス

Difyのクラウド版は、アカウントを作成するだけでウェブブラウザからすぐに利用可能です。2025年3月15日現在はクラウドサービスとして3つのプランが存在し、利用規模や目的に応じて選択できます。各プランの詳細は次の通りです。

▼表2-1　Difyクラウド版の3つのプラン

プラン名	月額	主な特徴	向いている用途・組織
Sandbox	無料	・200回の無料トライアル ・1チームメンバー ・5アプリまで作成可 ・50MBの知識データストレージ	・Difyの機能を試してみたい場合 ・個人での検証用
Professional	59ドル	・5,000メッセージ/月 ・3チームメンバー ・50アプリまで作成可 ・5GBの知識データストレージ	・個人や小規模チームでの本格利用

➡次ページに

Team	159ドル	・10,000メッセージ/月 ・50チームメンバー ・200アプリまで作成可 ・20GBの知識データストレージ	・中規模チームでの本格運用 ・複数プロジェクトでの活用

　Sandboxプランでは**無料でDifyの機能を試す**ことができます。有料プランに移行すると、メッセージ数やストレージ容量が増加し、より多くのチームメンバーでのアプリ開発が可能になります。まずはお試しで利用したい場合は、Sandboxプランを使うとよいでしょう。

　なお、クラウドサービスのほかにセルフホストサービスがあり、後述するコミュニティ版のほか、中規模の組織やチーム向けのPremium、大規模組織向けでSSO認証対応のEnterpriseがあります。

　上記プラン内容は執筆時点のもので、変更される可能性があります。正式に導入する際は公式サイトで最新情報を確認してください。

》自由に環境構築できるコミュニティ版

　Difyではアプリケーションを動作させるためのコードが公開されており、特定のライセンス条件のもと無料で利用することができます。通常、業務用のソフトウェアを利用する場合、ソフトウェアの利用料金がかかることが多いです。例えば、MicrosoftのOfficeソフトを使う場合、ライセンス料などがかかります。Difyのクラウド版も同様で、前述した通り月額59ドルや159ドルなどプランに応じて料金が設定されています。

　しかし、Difyではコードが公開されているため、自分で環境をセットアップすることで、**ソフトウェア自体を無料で利用する**ことができます。具体的には、GitHubという開発者向けのプラットフォームで公開されているDifyのプログラムを、自社のサーバーや個人のパソコンにインストールして使うことができます。

▼図2-4　Difyのコミュニティ版

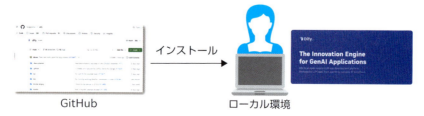

この場合、必要なコストはAIモデルの利用料（API代）とサーバーやパソコンの準備・運用費用のみとなります。

会社によっては、セキュリティポリシーからDifyのクラウドサービスを利用するのは難しい場合があるかと思います。コミュニティ版で環境構築を行うことで、そのようなハードルを解消できるかもしれません。ただし、この場合でも言語モデルを提供している会社（OpenAIなど）にはデータが送信される点には注意が必要です。この点は、Chapter 1で解説した通りAzure OpenAIなどの自社のセキュリティポリシーを満たす言語モデルのサービスを利用するなどの対策が必要となります。

またやや技術的な知識が必要になりますが、コミュニティ版ではDifyの機能を簡単にカスタマイズ可能です。例えば、Dify上にアップロードするファイルサイズの制限を変更したい場合、特定のファイルの設定値を変更して環境構築することで反映できます。すべての設定を変更できるわけではありませんが、作成したいアプリケーションの要件に合わせて、柔軟に拡張できるのがコミュニティ版の強みです。

▼図2-5　環境変数ファイルの例[注2]

ただし、コミュニティ版にも利用条件があります。基本的にはApache License 2.0というライセンスで提供されていますが、Difyの管理画面やアプリケーション上のロゴや著作権表示を削除・変更することはできません。またマルチテナント環境を構築しての利用には制限があり、商用ライセンスが必要になる場合があります。ライセンス条件は変更されることもあるため、具体的な利用方法は最新の情報を確認して、確信が持てない場合はDify社（business@dify.ai）に確認することをお勧めします。

注2　実際の設定は、このファイルを.envにコピーして編集します。

2.2 クラウド版Difyで作る初めてのアプリケーション

前節でDifyには、クラウド版とコミュニティ版の2つの選択肢があることを説明しました。コミュニティ版は柔軟性が高い一方で、サーバーの準備や運用に技術的な知識が必要となります。ここでは、誰でも簡単に始められるクラウド版を使って、まずはDifyでのアプリケーション開発を体験してみましょう。

2-2-1 » クラウド版のアカウント作成とセットアップ

Difyは無料のSandboxプランを用意しており、アカウントを作成するだけで試すことができます。Difyの公式ページ[注3]にアクセスして、始めるからサインアップを行います。

▼図2-6 クラウド版スタート画面

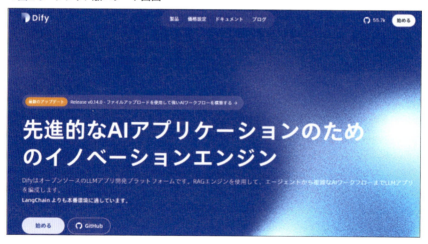

アカウントの作成には、GoogleアカウントかGitHubアカウント、もしくはメールアドレスを利用します。Googleアカウントは普段からGmailやGoogleドキュメントなどで利用している方も多く、GitHubアカウントは開発者の方々がよく

注3 https://dify.ai/jp

利用しています。

▼図2-7　サインアップ画面

サインアップが完了すると、次のような開発画面に遷移します。この画面からアプリケーションの開発を始めることができます。

▼図2-8　開発スタジオ

2-2-2 》 シンプルなチャットボットの開発

それでは早速、最初のアプリケーションとして基本的なチャットボットを作成してみましょう。

▼図2-9 アプリケーションのイメージ

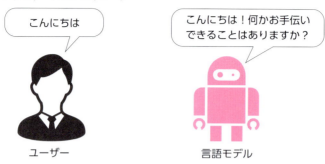

ここでは、ユーザーからの質問に対して丁寧に回答するシンプルなチャットボットを作ります。

》 アプリケーションの作成

スタジオ画面で最初から作成を選択してアプリケーションを作成します。

▼図2-10 アプリ作成画面

アプリケーションのタイプを選択する画面が表示されます。Difyでは用途に応じて複数のアプリタイプが用意されていますが、今回は基本的なチャットボットを作成するため、デフォルトで選択されているチャットボットを使用します。任意の名前を入力して作成するを押します。

2.2 クラウド版Difyで作る初めてのアプリケーション

▼図2-11　アプリ選択画面

》 プロンプトの設定と動作確認

アプリケーションの作成が完了すると、チャットボットの開発画面が表示されます。画面右上には、現在使用しているモデルが選択されています。ここでは「gpt-3.5-turbo」が選択されていますが、お使いになる時点では変更されている可能性があります。また本書ではChapter 3以降は「gpt-4o」を使用します。

▼図2-12　チャット開発画面

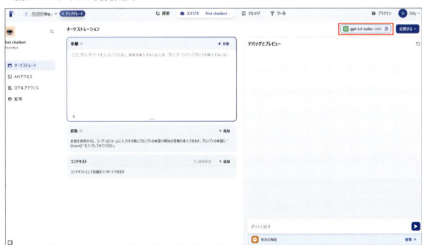

画面は大きく2つのエリアに分かれています。

- **左側**：主にプロンプトなど言語モデルの機能を設定するエリア
- **右側**：設定した内容をテストするチャットエリア

まずは、画面左側でプロンプトを設定してみましょう。

▼図2-13　プロンプトの設定

このプロンプトは、ユーザーが入力したメッセージと共に言語モデルへ送信されます。そのため、チャットを行う際の言語モデルの振舞い方などを指定するものとなります。プロンプトを設定したら、右側のデバッグ画面で動作を確認します。実際にユーザーとして何か入力してみましょう。

▼図2-14　デバッグ画面

2.2 クラウド版Difyで作る初めてのアプリケーション

》 アプリケーションの公開と実行

動作確認ができたら続いて、アプリケーションを公開します。
右上の公開するから更新、アプリを実行を選択します。

▼図2-15 更新ボタン

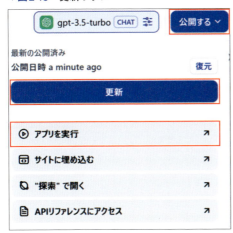

そうすると実際のユーザー向けチャット画面に移動します。ここで、Start Chatを押してチャットを開始できます。

▼図2-16 アプリ実行画面

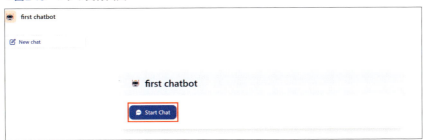

何か入力すると、設定したプロンプトに従って応答することが確認できます。

▼図2-17　チャット開始

　チャットはセッションごとに履歴が管理されており、左側のNew chatを押すことで新しい会話を始めることができます。

　以上が基本的なチャットボットを作成する流れです。わずか数ステップで、チャットボットを開発・公開できることが体感できたと思います。ただし、クラウド版では公開したアプリケーションに**誰でもアクセスできる状態**となるため注意が必要です。続いて、アプリケーションの管理と運用について理解していきましょう。

2-2-3 ≫ アプリケーションの管理と運用

≫ 利用状況の確認方法

　Difyではアプリケーションの利用状況を確認できる機能が用意されています。開発画面左側のログ＆アナウンスから、次の情報を確認できます。

- 利用者と利用日時の記録
- 会話の内容（入力と出力の履歴）
- エラーの発生状況
- 言語モデルの利用量（トークン数）

　これらの情報は、アプリケーションを公開した後の改善に役立ちます。例え

ば会話ログを分析すると、ユーザーがどのような情報を求めているのかがわかります。その結果に基づいて、プロンプトを調整してコストや使い勝手を改善することができます。

▼図2-18　アプリケーションの利用状況を確認

》セキュリティ設定とアクセス管理

クラウド版のDifyを利用する上で、特に注意していただきたいのがセキュリティ設定です。現状、クラウド版で公開したアプリケーションは、**URLを知っていれば誰でもアクセスが可能な状態**となっています。社内メンバーやクライアントとの共有は問題ありませんが、URLが第三者に知られると意図しない利用が発生するリスクがあります。

公開したアプリケーションのアクセス管理は、開発画面左の監視から行います。

▼図2-19　URL管理画面

- **ウェブアプリケーションの設定（左側）**
  - アプリケーションの公開/非公開を切り替えられます
  - アプリケーションのURLを変更できます
- **APIサービスの設定（右側）**
  - プログラムからのアクセスを管理できます

- APIキーを発行・管理できます

アプリケーションは初期状態では誰でもアクセスできる公開設定になっています。本格的な認証機能を追加するには専門的な技術が必要となるため、まずは次のような簡易的な対策を行うことをお勧めします。

- URLは必要なユーザーにのみ共有する
- 使用していないときは非公開に設定する
- 不要になったアプリケーションは削除する

本書で作成するアプリケーションは学習用のため、使用後に削除するか非公開設定にすることをお勧めします。なお、この後紹介するコミュニティ版のDifyを自分のPCにインストールして使う場合は、通常はローカル環境（localhost）でのみ動作するため、インターネット上に公開されることはありません。上記のセキュリティに関する注意点は、クラウド版や、コミュニティ版をインターネットからアクセス可能なサーバーで運用する場合に注意が必要な項目となります。

2.3　コミュニティ版Difyのセットアップ

　本節では、技術的な知識が少ない方も理解できるようにコミュニティ版の導入手順を丁寧に解説していきます。ただし環境のセットアップは技術的な知識が必要となるため、もし途中で難しいと感じた場合は**本節は飛ばして、まずはクラウド版で進めていただければ**と思います。本書で紹介するアプリケーションの多くは、クラウド版でも問題なく開発できます。また本書での動作確認は、主にクラウド版で行っています。

2-3-1 》 Dockerによる実行環境の理解

　コミュニティ版Difyを動かすためには、まずDockerという技術について理解する必要があります。Dockerは、アプリケーションとその実行に必要なプロ

グラムをまとめて管理することで、どのコンピュータでも同じようにアプリケーションを動作させることを可能にする技術です。

▼図2-20　Dockerの公式ページ

　例えば、Difyはチャットの会話履歴を保存するデータベース、チャットの入力を表示する画面、LLMの実行などさまざまな機能が連携して1つのアプリケーションとして動作しています。それらの機能一つ一つを構成するプログラムを個別にインストールしようとすると、非常に複雑な作業になります。各プログラムには特定のバージョンのソフトウェアが必要で、バージョンの違いによって正しく動作しないこともあるからです。

　そこで登場するのがDockerです。Dockerは必要なすべてのプログラムとその設定を、「コンテナ」と呼ばれる独立した箱の中にまとめて管理します。Dockerではこのコンテナを作成するための設計図のようなものを用意し、その設計図に従ってコンテナの作成ができます。そうすると異なる環境だとしても、設計図通りのコンテナを作成することができるので、コンテナ単位でみれば同じ環境を再現することができるようになります。

2-3-2 》インストール手順と環境構築

　コミュニティ版Difyの導入は、次の3つのステップで行います。

❶ Dockerのインストール

❷ Difyのソースコードの取得

❸ Docker Composeでコンテナの作成と起動

補注　コミュニティ版は個々の環境の違いやコードのバグにより、動作しないケースが報告されています。一方、クラウド版は比較的安定しており、問題が発生した場合も迅速な対応が期待できます。本書を進める際にコミュニティ版でエラーが発生する場合は、クラウド版をご利用ください。コミュニティ版の導入・運用はご自身の判断でお願いいたします。

Chapter 2 Difyの環境構築とセットアップ

現在のDifyでは次のスペックが推奨されています。

> CPU：2コア以上
> メモリ：4GB以上

ただし、これはあくまでも最小構成です。快適に動作させるためには、特にメモリは余裕を持つほうがよいでしょう。アプリケーションの規模が大きくなるにつれて、より多くのリソースが必要になる可能性があります。

注意点として今回紹介するDocker Desktopは、大規模組織（従業員250人以上または年間収益1000万ドル以上）での業務利用には有料サブスクリプションが必要です。個人利用は無料ですが、業務利用の場合は必ずライセンス条件を確認してください。

2-3-3 》 Dockerのインストール

最初に、Dockerの公式サイト[注4]から「Docker Desktop」をダウンロードします。ここではWindows（AMD64）版でのインストール手順を説明します[注5]。

▼図2-21 ダウンロード画面

注4　https://www.docker.com/ja-jp/
注5　macOSで利用する場合も、Windowsでのインストール手順と同様でセットアップすることができます。macOSの場合はPowerShellの代わりにターミナルをご使用ください。

2.3 コミュニティ版Difyのセットアップ

ダウンロードしたインストーラーを実行し、画面の指示に従って進めます。

▼図2-22　インストール

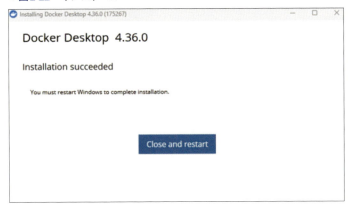

その後再起動をすると、Docker Desktopの規約の同意画面が表示されます。規約に問題がなければAcceptを押します。

▼図2-23　同意画面

次にUse recommended settingsを選択して、Finishを押します。

▼図2-24　設定画面

アカウントの作成を促される画面が表示されますが、Difyの使用には必要ないためスキップして構いません。しばらくすると、Docker desktopのダッシュボードが表示され、動作中のコンテナの一覧が表示されます。

▼図2-25　ダッシュボード

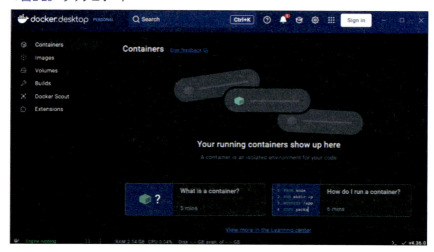

このダッシュボードが表示されれば、Dockerのインストールは完了です。これでDifyを利用するための設定が完了しました。

2-3-4 》 Difyのソースコード取得

次は、Difyのプログラム本体（ソースコード）を入手します。プログラムは**GitHub**というプラットフォームで公開されています。GitHubは開発者向けのファイル共有・管理サービスで、技術的な知識がなくても一般的なウェブサイトを閲覧する感覚で必要なファイルをダウンロードできます。ここではウェブブラウザから直接ソースコードをダウンロードする方法を説明します。

「Dify GitHub」などと検索すると、Difyのソースコードが公開されているページが見つかります。

▼図2-26　DifyのGitHubページ（https://github.com/langgenius/dify）

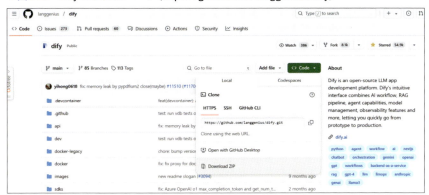

Codeのボタンから**Download ZIP**をクリックすることで、Difyのソースコード一式をダウンロードできます。取得したZIPファイルは、デスクトップなどわかりやすい場所に展開しておきます。

▼図2-27　展開

2-3-5 》》 Docker Composeでコンテナの作成と起動

最後にDocker ComposeでDifyを起動します。Difyは複数のコンテナが連携して動作するため、それらを一括で管理・実行できるDocker Composeの機能を使用します。Difyのソースコードには、必要な環境設定がすべて記述された「docker-compose.yaml」というファイルが含まれています。このファイルがあるディレクトリに移動し、起動用のコマンドを実行することで、Difyを動作させることができます。

まずはコマンドラインを開きます。Windowsの場合はPowerShellを使用します。スタートメニューからPowerShellを検索して起動してください。

▼図2-28　PowerShell

次に、先ほど展開したDifyのソースコードがあるディレクトリに移動します。ディレクトリの移動にはcd（change directory）というコマンドを使います。先ほどデスクトップにファイルを展開したため、cd デスクトップのパスというコマンドを実行して、デスクトップのディレクトリへ移動します。デスクトップのパスがわからない場合は、次の手順で移動できます。

❶ エクスプローラーでデスクトップを開く
❷ 上部のアドレスバーを右クリックし、「アドレスをコピー」を選択

2.3 コミュニティ版Difyのセットアップ

▼図2-29　エクスプローラー

❸ PowerShellでcdの後にスペースを入れ、コピーしたパスを貼り付ける（図2-30 **(1)**）

▼図2-30　ディレクトリ移動

次にコンテナを起動する準備として環境設定ファイルを作成します。図2-30のように、cdコマンドでdify-main/dockerディレクトリに移動 **(2)** した後、.env.exampleというファイルをcpコマンドでコピーして.envというファイルを作ります **(3)**。このファイルにはDifyの動作に必要な設定情報が含まれており、docker-compose.yamlから参照される設定ファイルとなります。

準備ができたらdocker compose up -dというコマンドを実行します **(4)**。このコマンドにより、docker-compose.yamlに書かれた設定に従って必要なコンテナが自動的に作成され起動します。初回は必要なファイルのダウンロードが行われるため、少し時間がかかります。

しばらくすると次のように、コンテナが起動したことを示すメッセージが表示されます。

▼図2-31　コンテナ起動

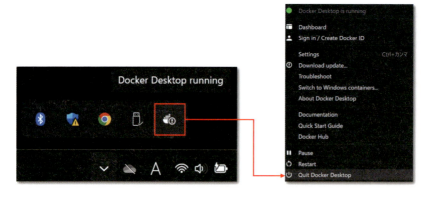

　コンテナが起動した後は、PowerShellを閉じても問題ありません。また、コンテナはパソコンを起動した際に自動的に立ち上がる設定がされています。Difyを使用しないときに、パソコンの処理負荷を軽減したい場合は、タスクバー右下のQuit Docker Desktopを選択します。

▼図2-32　Docker Desktopの終了

　同様に何らかの理由で、Dockerが起動していない場合はDocker Desktopを起動してコンテナが動作していることを確認してみてください。

2-3-6 》 アプリケーションの動作確認とログイン

　正しく動作していれば、ウェブブラウザでhttp://localhost/installにアクセスすると、Difyの初期設定画面が表示されます。

▼図2-33　アカウント作成

管理者アカウントを作成してログインすると、Difyのスタジオ画面が表示されます。

▼図2-34　スタジオ

これでDifyのセットアップは完了です。クラウド版とほぼ同じ機能を利用できるようになりました。個人のパソコンにインストールした場合、作成したアプリケーションにはローカル環境からのみアクセス可能です。チームでの共有が必要な場合は、クラウド版の利用や共有サーバーの構築を検討してください。

2.4 言語モデルの設定とAPIの基礎

本節では、Dify上での言語モデルの設定方法について解説していきます。これによりさまざまな企業が提供している言語モデルを利用することができるようになります。

2-4-1 》 APIの基本を理解する

DifyではOpenAI、Google、Anthropicなど、さまざまな企業が提供する言語モデルを利用することができます。

▼図2-35　Dify上で利用できるサービスの一部

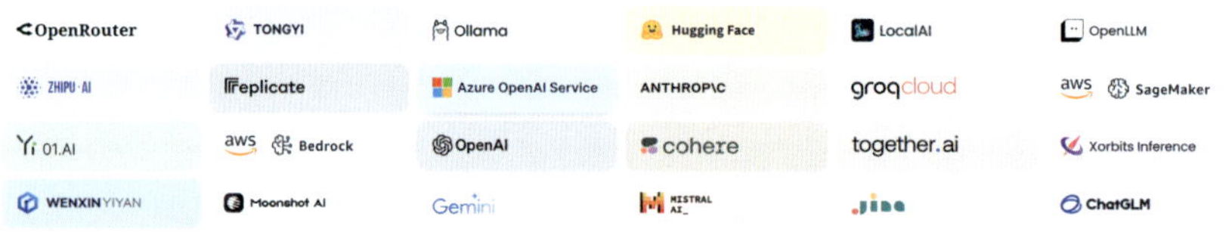

これらの外部モデルを利用するには、APIという仕組みを使います。APIは「Application Programming Interface」の略で、簡単に言えばプログラムからモデルを利用するための仕組みです。普段私たちはChatGPTのようなウェブサイトを通じて直感的に言語モデルを利用できますが、Difyで言語モデルを利用する際は、APIを通じてモデルにアクセスすることになります。

》 APIキーの役割と注意点

APIを利用するには「APIキー」と呼ばれる認証情報が必要です。APIキーは、簡単に言えばパスワードのようなもので、どのアカウントからの利用なのかを確認するために使われます。APIキーは各言語モデルを提供している企業のサイトから取得する必要があります。

▼図2-36　各言語モデルを提供する企業からAPIキーを取得する

　　　Anthropic　　　　　　　OpenAI　　　　　　　Google

　注意点として、**有料版ウェブアプリとAPIは別の料金体系**となります。例えばChatGPTの有料版（月額20ドルなど）を契約していても、OpenAIのAPIは別途利用した分だけの料金が発生します。費用は使用するモデルや利用量により異なりますが、本書で紹介するアプリケーションであれば、数ドル程度から試すことができます。

≫ OpenAIのAPIキー取得と設定

　ここでは最も一般的なOpenAIのAPIキーを例に、具体的な設定手順を説明します。主にAPIキーの取得と、支払い情報の登録が必要になります。

　「OpenAI Platform」などと検索して、OpenAI Platformのサイト[注6]にアクセスします。OpenAI Platformは、APIの利用状況を確認したり、APIキーを発行したりすることができるサイトです。

▼図2-37　OpenAI Platform

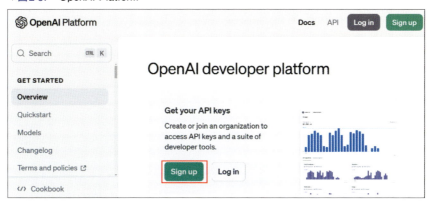

注6　https://platform.openai.com/docs/overview

Chapter 2　Difyの環境構築とセットアップ

　サイトにアクセスしたら、ログインまたはアカウント作成を行います。
Sign upを選択してアカウントを作成すると、右上にアイコンが表示され、
Playground、Dashboardなどの選択肢が表示されます。歯車マークをクリッ
クして左のメニューのPROJECTからAPI keysを選択してAPIキーを発行し
ます。

▼図2-38　歯車マーク

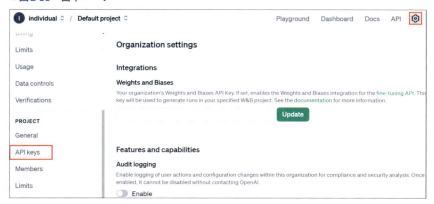

　Create new secret keyを選択して名前を設定します。この名前は管理者
が識別するためのもので、任意の名前で問題ありません。

▼図2-39　Create new secret key

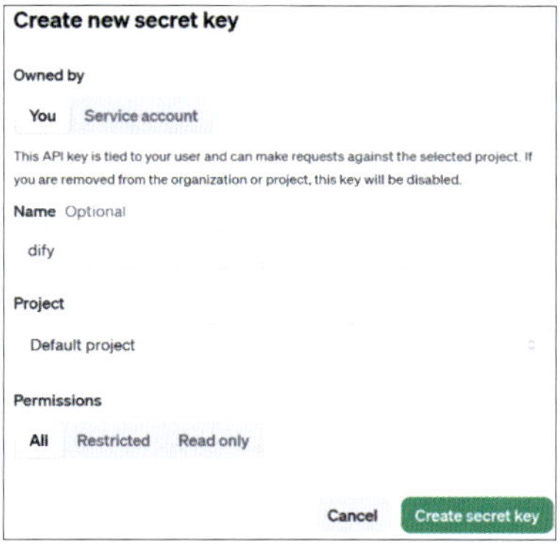

　そうすると、次のようなAPIキーが発行されます。

52

▼図2-40　APIキーの取得

　注意点としては、このAPIキーは**作成したときにしか表示されません**。この後Difyに登録する必要があるため、こちらのAPIキーはコピーしておきましょう。またAPIキーはあなたのアカウントに紐づいているため、絶対に他人に見られないようにしてください。第三者がこのAPIキーを使って言語モデルを利用した場合は、あなたのアカウントに課金されることになってしまうためです。

　万が一、APIキーが漏洩してしまった場合は、削除して新しいAPIキーを発行するようにしてください。またAPIキーを忘れた場合なども、再度発行することができます。

≫ 支払い情報の登録

　APIキーを利用するには、先にクレジットを購入する必要があります。左側のBillingを選択して、Add payment detailsを選択して、必要事項を入力します。

▼図2-41　クレジットの購入

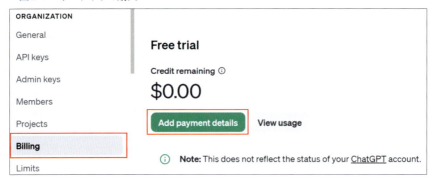

　執筆時点では5ドル以上の購入が必要となります。本書で紹介するアプリケーションの動作では、5ドルあればすべて動かすことができます。またクラウド版であれば、本書執筆時点では無料クレジットがついているため、そちらを利用することも可能です。チャージが完了すると、購入分のクレジット残高が表示されます。これでAPIキーを利用する準備が整いました。

》 Difyでの設定手順

　発行したAPIキーをDifyに登録します。Difyのスタジオ画面の右上から設定を選択します。

▼図2-42　設定

2.4 言語モデルの設定とAPIの基礎

モデルプロバイダーからOpenAIをインストールします。

▼図2-43　モデルプロバイダーのインストール

セットアップから、先ほど作成したAPIキーを入力します。

▼図2-44　APIキーの設定

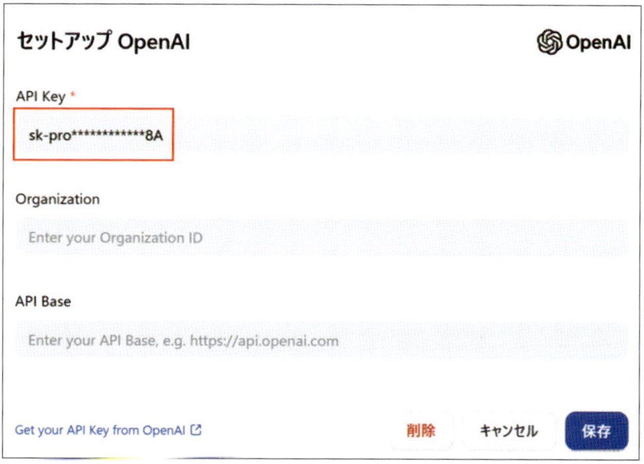

接続が成功すると右上に「正常に変更が行われました」などのメッセージが表示され、設定が完了します。登録が完了すると、アプリケーションの開発画面からモデルを選択することができます。

▼図2-45　モデルの選択

　これでOpenAIのモデルを自由に利用できるようになりました。他の企業のモデルにおいても同様に、モデルのインストールと、APIキーの発行・登録という手順が必要です。必要に応じてGoogleやAnthropicなどのモデルも利用できるようにしてみてください。本書では基本的にOpenAIのモデルを利用してアプリケーションを作成していきます。

2-4-2 》 言語モデルの選択基準

　さまざまな企業がモデルを提供しているため、どのモデルを利用すればよいのか迷うことがあります。モデル選択時の観点としては、大きく分けると「**精度**」「**速度**」「**コスト**」があります。競争が激しい分野のため、どのモデルが最も優れているかは、その時々で変わっていきます。最新のモデルを比較検討できるのが、「Artificial Analysis」というウェブサイト[注7]になります。

注7　https://artificialanalysis.ai/

2.4 言語モデルの設定とAPIの基礎

▼図2-46 Artificial Analysis

このウェブサイトでは、さまざまなモデルの精度や速度、コストを視覚的にわかりやすく比較検討できます。例えば、精度とコストを比較すると、次のように可視化されます。

▼図2-47 モデルの比較

左上に位置するモデルほど、**精度が高く安価に利用できるコストパフォーマンスがよいモデル**となっています。モデルによって性能や価格が大きく異なるため、最新の状況を知りたい場合は、このサイトを確認することをお勧めします。

ただし、精度に関しては1つ注意点があります。評価のベンチマークがよくても、実際のタスクでは異なる結果になることがあります。また、多くの評価

は英語で行われているため、日本語での性能は別途確認が必要です。そのため、これらの指標はあくまでも目安として捉え、実際の用途に応じて試行錯誤しながら、適切なモデルを選択することが重要です。

2.5 アプリケーションタイプの選択

Difyでは、アプリケーションを作成する際にアプリの種類を選択する必要があります。

▼図2-48　アプリタイプの選択画面

現在、Difyには5つのアプリケーションタイプが用意されています。それぞれのタイプには特徴があり、実現できる機能が異なります。アプリケーションを開発する前に、各タイプの特徴と選択のポイントを理解しておきましょう。

2-5-1 » 各アプリタイプの特徴と機能

▼表2-2　Difyに用意されている5つのアプリタイプ

項目	チャットボット	エージェント	テキストジェネレーター	チャットフロー	ワークフロー
特徴と機能	基本的な会話形式で質問に答える	ユーザーの要望に応じて必要な外部ツールを自動で選択・実行	一度の入力で文章を自動生成	複雑なフローを自由に設計し、対話形式で実行	複雑なフローを一度の実行で自動処理
使い方	チャットで対話	チャットで対話	フォームに入力	チャットで対話	フォームに入力
会話履歴の保持	○	○	×（一度の入力）	○	×（一度の入力）
一括入力機能	×	×	○	×	○
向いている業務	基本的なチャット対応	状況に応じて柔軟なツール活用が必要な業務	要約・翻訳など文章の一括処理	複数ステップの対話型処理が必要な業務	定型的な複数作業の自動化

　Difyでは、これらのアプリタイプを初心者向けと上級者向けに分類しています。チャットボット、テキストジェネレーター、エージェントは初心者向けとされ、チャットフローとワークフローは上級者向けとされています。本書では、初心者向けのアプリタイプを「基本的なアプリタイプ」、上級者向けのアプリタイプを「高度なアプリタイプ」と呼ぶことにします。

● **基本的なアプリタイプ**
- チャットボット：対話形式で質問に答える基本的なアプリケーション
- テキストジェネレーター：1回の入力で結果を生成
- エージェント：必要なツールを自動で選択・実行

● **高度なアプリタイプ**
- チャットフロー：複雑な対話型処理を実現
- ワークフロー：複数の処理を一度の実行で行う

　これらのアプリタイプから適切なものを選択する際は、皆さんが作成したいアプリの「処理の複雑さ」と「実現したいインターフェースの種類」を考えるとよいでしょう。

2-5-2 ≫ 処理の複雑さによるアプリタイプの選択

　まず実現したいアプリケーションの**処理の複雑さ**で選択するべきアプリタイプが分かれます。チャットボット、テキストジェネレーター、エージェントといった基本的なアプリタイプは、**1つのステップで完結する単純な処理**に適しています。一方、チャットフローとワークフローは、**複数のステップを組み合わせた複雑な処理**に対応できます。

▼図2-49　アプリタイプの違い

基本的なアプリタイプ　　　　　　　　　高度なアプリタイプ

単一の処理　　　　　　　　　　　　　複数の処理

　例えば要約アプリを作る場合、単純に文章を入力して要約するだけであれば、基本的なアプリタイプで十分です。しかし、文章の長さに応じて異なるプロンプトを使用したり、複数の言語モデルを使い分けたりする必要がある場合は、チャットフローやワークフローといった高度なアプリタイプが適しています。

　皆さんが開発したいアプリケーションが入力から出力まで1つの処理で完結するのか、それとも途中で条件分岐や複数の処理ステップが必要なのかを整理することで、どちらのアプリタイプを選択すればよいかの判断がつきます。

2-5-3 ≫ インターフェースの種類によるアプリタイプの選択

　処理の複雑さとは別に、**アプリケーションのインターフェースの種類**も重要な選択基準となります。Difyのアプリタイプは、**対話型**と**フォーム型**の2つに大別できます。チャットボット、エージェント、チャットフローは対話型のインターフェースでユーザーとの**会話を通じて**処理を進めます。一方、テキストジェネレーターとワークフローはフォーム型で、入力フォームに必要事項を入

力して**一度だけ処理を実行します**。つまりフォーム型は、ユーザーとの会話履歴を保持しないので、よりシンプルな使い方となります。

▼図2-50 体験の違い

　例えば、社内の問い合わせ対応用のチャットボットを作る場合を考えてみると、1回の応答では解決できないケースも多いはずです。そのような場合は、会話を通じて回答を提供できる対話型のアプリケーション（チャットボット、エージェント、チャットフロー）が適しています。

　一方で、営業活動記録を入れて日報を自動で作成するアプリケーションの場合、対話は不要かもしれません。むしろ、必要な情報を入力フォームに記入して実行するだけのほうが、使うのが簡単で好ましい場合があります。特に生成AIとの対話に慣れていないユーザーにアプリケーションを使ってもらおうとする場合、シンプルなインターフェースのほうが使いやすいでしょう。このような場合は、テキストジェネレーターやワークフローといったフォーム型のアプリタイプでの開発を考えるとよいでしょう。

2-5-4 ≫ エージェントアプリの特徴

　少し異なる特徴を持つのが、エージェントのアプリタイプです。エージェントアプリは、ユーザーとの対話を通じて**言語モデルが自動的に必要なツールを判断し実行する**という特徴があります。

▼図2-51　エージェントのイメージ

　現在のAIアプリケーションでは、単純な文章の生成だけでなく、外部データを参照したり、ウェブ検索などのツールを組み合わせてさまざまな処理を行うことができます。その際、普通のアプリケーションでは、**どのツールをどの順番で使用するか**を開発者が事前に設定しておく必要があります。

　一方でエージェントのアプリでは、ユーザーとの対話から実行するツールを自動で選択することができます。特に複数のツールを組み合わせる必要がある場合、事前にすべてのパターンを設定するのは大変なため、そのような場合にエージェントは便利です。

　エージェントに関してはChapter 7で詳しく解説しますが、やや開発難易度が高くなります。そのため、まずは他のアプリタイプで開発を行い、Difyの基本的な機能に慣れてからエージェントアプリの開発に挑戦することをお勧めします。特に明確な処理フローが決まっている場合は、チャットフローやワークフローでの開発のほうが確実です。

　本書では、応用の幅が広い**高度なアプリタイプ（チャットフロー、ワークフロー）**の使い方を中心に解説していきます。業務フローの自動化を行う場合に、これらのアプリタイプを選択することが多いためです。

　また、基本的なアプリタイプで実現できる機能の大部分は高度なアプリタイプでも実現できます。そのため、高度なアプリタイプの使い方に慣れることで、Difyで実現できるアプリケーションの大部分を開発できるようになります。ただし、基本的なアプリタイプだと設定がシンプルで開発・運用負荷が小さくなるため、その観点から基本的なアプリタイプを選択するというのもよいでしょう。

Chapter 3

テキスト処理を行う
アプリケーション開発

3.1 本書での学習リソースの概要
3.2 変数機能で作るレポート生成アプリ
3.3 高度なアプリタイプの基本
3.4 文書校正アプリケーションの開発
3.5 条件分岐を活用した文書処理アプリの開発
3.6 JSONモードで作る文章アシストアプリ
3.7 問い合わせ対応チャットボット開発

3.1 本書での学習リソースの概要

このChapterからは、さまざまなアプリケーションを開発してDifyの操作方法を学んでいきます。学習を始める前に、本書で用意している学習をサポートする仕組みについて解説します。本書ではアプリケーションを一から作成するのが面倒な方のために、本書で作成するアプリケーションの完成版の設定ファイルを提供しています。このファイルを取得後、皆さんのDifyの環境で読み込むことで**本書と同様のアプリケーションを再現**できます。また、アプリケーションの動作確認のためのサンプルデータなども、用意していますので必要に応じてご利用ください。

3-1-1 》 DSLファイルの概要

Difyでは、作成したアプリケーションを**DSLファイル**と呼ばれるファイルで保存することができます。DSLファイルは、アプリケーションの設定内容（プロンプトの内容など）を**YAML**と呼ばれる形式で記述したファイルのことです。

▼図3-1　DSLファイル

Difyのアプリケーション　　　　DSLファイル

DSLファイルを利用することで、アプリケーションの設定をバックアップとして保存したり、他の人が作ったアプリケーションを自分の環境に再現したりすることができます。

本書では筆者が作成したDSLファイルを公開しているため、そちらを読み込むことで皆さんの環境で同じアプリケーションを再現できます。

3-1-2 》 GitHubリポジトリの利用ガイド

本書で利用するDSLファイルやアプリを実行するためのサンプルデータは、以下のGitHubリポジトリで公開しています。

```
https://github.com/nyanta012/dify-book
```

▼図3-2　サンプルデータを公開しているGitHubリポジトリ

chapterフォルダは各章の番号を表しています。例えば、本ChapterはChapter 3のため、Chapter 3のアプリケーションのDSLファイルやサンプルデータはchapter3フォルダに保存されています。

ここではDSLファイルを利用して、Difyにアプリケーションをインポートする方法を解説します。

Chapter 3 テキスト処理を行うアプリケーション開発

3-1-3 》 DSLファイルのインポート手順

まずGitHubにアクセスして、読み込みたいアプリケーションがあるChapterのchapterフォルダを開きます。

▼図3-3　DSLファイルが含まれるGitHubのchapterフォルダ

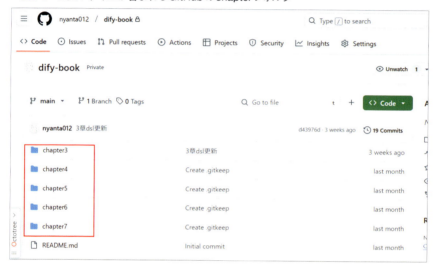

フォルダ内には.yml拡張子を持つファイルがあります。これがDSLファイルとなります。該当のファイルをクリックして開き、URLをコピーします。

▼図3-4　DSLファイルのURLをコピー

66

続いて、Difyのスタジオを開きます。スタジオ画面のDSLファイルをインポートを選び、URLからを選択して先ほどコピーしたURLをペーストします。

▼図3-5　DSLファイルをインポート

作成するをクリックすることで、アプリケーションを読み込むことができます。

》 ファイルをダウンロードしてインポートする

URLを直接入力する代わりに、**ファイルを直接読み込む**ことも可能です。この方法は、組織のメンバーとDSLファイルを共有したり、バックアップとして保存したアプリケーションを読み込む際に便利でしょう。

ここでは、GitHubからDSLファイルをダウンロードして、それを読み込む流れを解説します。

GitHubのページからファイルをダウンロードするには、対象のDSLファイルの右上にあるDownload raw fileをクリックします。

▼図3-6　DSLファイルのダウンロード

ダウンロード後、Difyのスタジオ画面でDSLファイルをインポートを選択します。次に、ダウンロードしたファイルをアップロード、作成するを押すことでDSLファイルからアプリケーションを読み込むことができます。

▼図3-7　DSLファイルから読み込む

3-1-4 ≫ 設定時の注意点

設定の際は次の点に注意してください。

- 一部のアプリケーションでは、APIキーやツールなどの設定が別途必要になる場合があります。その場合は各Chapterの解説に従って、必要な設定を行ってください。
- 本書執筆時のDifyのバージョンは1.0.0です。バージョンの違いによって一部の機能が正常に動作しない可能性があります。その場合は、コミュニティ版を使ってDifyのバージョンを本書と合わせるか、必要に応じて設定を修正してご利用ください。

3.2　変数機能で作るレポート生成アプリ

最初に基本的なアプリタイプでアプリケーションを作成していきます。プロンプトの設定など、自分で行うのが面倒な場合は、前節で紹介したDSLファイルを活用いただければ、以降で解説する手順で作成したアプリケーションの完成版を利用することができます。

3-2-1 ≫ レポート作成アプリケーションの概要

ここでは、業務レポートの品質を統一化するためのアプリケーションを開発

します。仕事でさまざまな人にレポートを作成させると、担当者により必要な項目の記入漏れが生じたり、文章が読みにくい場合があります。

そこでDifyの**変数機能**と言語モデルを組み合わせることで、必要な情報を収集し、統一された読みやすい形式のレポートを生成するアプリケーションを作成してみましょう。

▼図3-8　アプリケーションイメージ

これにより担当者が異なる形式で入力した情報でも、自動的に決められたフォーマットに基づく統一されたレポートを生成することができます。また、Difyの最も基本的な機能の1つである変数機能の使い方が理解できるようになるでしょう。

3-2-2 》 テキストジェネレーターでのアプリケーション作成

それではアプリケーションを作成します。今回は、対話的なやり取りを必要としないケースとしてテキストジェネレーターのアプリタイプを選択します。アプリケーション名は何でも構いませんが、ここでは「営業レポートメーカー」として作成します。

▼図3-9　テキストジェネレーターの選択

テキストジェネレーターでのアプリ開発画面は、2.2節で作成したチャット

ボットと基本的に同じ構成です。

▼図3-10　アプリ開発画面

一見すると複雑そうに見えるかもしれませんが、実際に設定する項目は主に次の2つです。

❶ プロンプト

言語モデルへの指示となる重要な設定です。レポートの目的、形式、文体、含めるべき情報などを詳細に定義します。

❷ 変数

ユーザーから必要な情報を収集するための入力フォームを作成します。プロンプト内に変数を定義することで、ユーザーが入力した値が自動的に埋め込まれます。

これらの設定について、順を追って詳しく見ていきましょう。

3-2-3 》 プロンプトの設定

言語モデルを活用したアプリケーションを作成する上で重要なのが、プロンプトの設定です。質の高いレポートを生成するためには、レポートの目的や要件を言語モデルに明確に伝える必要があります。

3.2 変数機能で作るレポート生成アプリ

今回のアプリケーションでは、次の3つのポイントを意識してプロンプトを設定します。

❶ 入力情報の定義（変数機能を活用）
❷ レポートの構成と形式
❸ 文章のスタイルと表現

例として次のようなプロンプトを設定します。

あなたは営業レポートを作成する専門家です。提供された情報を基に、以下のルールに従って営業レポートを作成してください。

入力情報
- 担当者名：{{name}}
- 報告日：{{date}}
- 売上実績：{{result}}
- 特記事項：{{message}}

レポート作成ルール
1. 冒頭で担当者名と日付を明記
2. 売上実績は具体的な数字を含めて分かりやすく説明
3. 特記事項を踏まえた今後の展望を含める
4. ビジネス文書として適切な敬語と表現を使用
5. 全体で200-300文字程度にまとめる

出力フォーマット
件名：営業活動報告（{{date}}）

営業担当の{{name}}です。
{{date}}の活動についてご報告いたします。

【売上実績】
{売上実績の要約を記載}

➡次ページに

> 【総括・今後の展望】
> {特記事項を踏まえた総括と今後の展望を記載}
>
> 以上、ご報告申し上げます。

プロンプトの中で理解する必要があるのが、{{name}}や{{date}}のように二重の中括弧で囲まれた部分です。これらはDifyの変数機能特有の記法で、**変数**と呼ばれ、アプリケーションを実行する際に**ユーザーがフォームに入力した値が埋め込まれます**。

3-2-4 》 変数機能の基本

プロンプト内で定義した変数は、**入力フォームとしてユーザーに表示すること**ができます。例えば、{{name}}のような変数を設定すると、ユーザーがアプリケーションを実行する際に、次のような入力フォームが表示されます。

▼図3-11 フォームの設置

フォームの設定では、特定の項目を必須入力にして、**ユーザーが値を入力しないとアプリケーションを実行できないようにすることも可能です**。これにより、重要な情報の記入漏れを防ぐことができます。入力された情報は**自動的にプロンプトに組み込まれ、言語モデルに渡されます**。

今回のアプリケーションでは、プロンプトの中に次の4つの変数を定義しています。

- {{name}} - 営業担当者の名前

- {{date}} - 報告日
- {{result}} - 売上実績データ
- {{message}} - 特記事項やコメント

このようにレポートに反映させたい情報を考えて、変数を定義する必要があります。

3-2-5 》 変数の詳細設定

プロンプトの中で{{ }}で囲う変数を定義すると、**各変数の詳細**を設定できます。例えば、ユーザーがフォームに値を入力する際に何を入力してよいのか迷わないためにラベルを設定したり、重要な情報は入力を必須とするなどの設定が可能です。

▼図3-12　変数設定画面

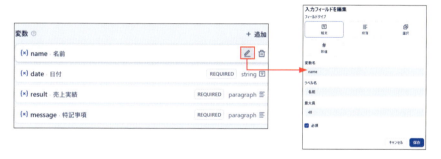

主な設定項目は次の通りです。

- フィールドタイプ：入力フォームの種類（例：短文, 段落, 選択式, 数値）
- 変数名：プロンプトで使用する名前（例：{{name}}）
- ラベル名：フォームに表示される項目名（例：「名前」）
- 必須：入力が必須かどうか
- 最大値：入力できる文字数の制限

フィールドタイプは、データの形式を設定します。文章を入力する場合は、短文もしくは段落を選択します。短い文章の場合は短文、長文の場合は段落と

します。

ここでは次のように変数の設定を行います。

▼表3-1　営業レポート作成アプリの変数設定

変数名	フィールドタイプ	ラベル名	必須	最大値文字数
name	短文	名前	はい	48（デフォルト）
date	短文	日付	はい	48（デフォルト）
result	段落	売上実績	はい	500
message	段落	特記事項	はい	500

3-2-6 》 アプリケーションの動作確認

　変数の設定が完了したら、公開する前に**アプリケーションが正しく動作するかをデバッグ（テスト）します**。画面右側がデバッグ機能となっており、適当な値を入力することでレポートがどのように生成されるかをテストできます。

▼図3-13　デバッグ画面

　デバッグの例として次のように適当な値をフォームに設定し、実行ボタンを押してみます。値に意味はないため、自由な値を入れて構いません。

名前：山田
日付：2024/3/15

売上実績：A社500万、B社150万、C社80万
特記事項：良かった。A社が大きい。次も頑張る

実行すると次のようなレポートが生成されました。

件名：営業活動報告（2024/3/15）

営業担当の山田です。
2024/3/15の活動についてご報告いたします。

【売上実績】
今月は大変良い結果となり、A社からのご注文で500万円、B社から150万円、C社から80万円の売上を達成いたしました。特にA社からの大口契約が成果を押し上げる形となりました。

【総括・今後の展望】
全体として非常に好調な売上となり、特にA社からの受注が大きな貢献をしました。今後もA社をはじめとする既存顧客との関係をより強固にし、新規開拓にも注力して参ります。また、この良好な流れを維持し、さらなる成長を目指し全力で取り組んで参ります。次回もより一層の結果を出せるよう努めて参りますので、ご期待ください。

以上、ご報告申し上げます。

次に他のパターンでも試してみましょう。より整理された情報を入力した場合の挙動を確認します。

名前：鈴木
日付：2024年3月15日
売上実績：
- A社様　ソフトウェアライセンス　¥5,000,000
- B社様　コンサルティング　¥1,500,000

➡次ページに

> - C社様　サービス　¥800,000
> 特記事項：今月はA社様の大型案件が貢献し、目標を達成できました。

次のようなレポートが生成されました。

> 件名：営業活動報告（2024年3月15日）
>
> 営業担当の鈴木です。
> 2024年3月15日の活動についてご報告いたします。
>
> 【売上実績】
> 今月の売上は以下の通りです。A社様との大型案件により、ソフトウェアライセンスの売上が5,000,000円を達成いたしました。また、B社様へのコンサルティングサービスで1,500,000円、C社様への付加価値サービスで800,000円の売上を計上しております。
>
> 【総括・今後の展望】
> 今月はA社様の大型案件により、目標を無事に達成することができました。これを機にA社様とのさらなる関係強化を図り、次期案件の獲得に努めてまいります。また、B社およびC社様に対しても引き続き付加価値の高いサービスを提供し、さらなる売上の拡大を目指してまいります。
>
> 以上、ご報告申し上げます。

　どちらのテストケースでも、入力形式が異なるにもかかわらず、ビジネス文書として統一された形式のレポートが生成されていることが確認できます。もし出力のさらなる改善が必要な場合は、プロンプトの修正とデバッグを繰り返して調整できます。例えば、上記の例では日付の表記（「3月15日」と「2024/3/15」）や金額の表記（「500万円」と「5,000,000円」）に揺れが見られます。このような表記の統一が業務上重要な場合は、プロンプトでフォーマットをより具体的に指定することで対応できます。

3-2-7 アプリケーションの公開と実行

テストが完了したらアプリケーションを公開します。画面右上の公開するから更新を選択し、アプリを実行をクリックすることでアプリケーションを公開できます。ユーザーに入力フォームが表示され、デバッグと同様に**必要な情報を入力するだけ**で、統一されたレポートを作成することができます。

▼図3-14　実行画面

以上が、変数機能を活用したレポート作成アプリの構築方法となります。変数機能は特に出力の品質を統一したい場合や、ユーザーから特定の情報を取得したい場合などに便利な機能です。言語モデルの扱いに慣れていないユーザーでも何を入力すればよいかが明確になるため、活用場面は多いかと思います。

ここで再度注意してほしい点として、2.2節で説明したようにクラウド版Difyでアプリを公開する際や、コミュニティ版をインターネットからアクセス可能なサーバーで運用する場合は、URLを知っている人なら誰でもアクセスできてしまいます。アプリ作成後は、URLを必要なユーザーにのみ共有するか、使用していないときは非公開にしておきましょう。

3.3 高度なアプリタイプの基本

　ここから2.5節で紹介した高度なアプリタイプの使い方を中心に学んでいきます。基本的なアプリタイプでも十分便利なアプリケーションを作成できますが、高度なアプリタイプを使いこなせるとより複雑な処理を行えるアプリケーションを開発できます。そのため、本書ではここから高度なアプリタイプを重点的に解説していきます。

3-3-1 》 チャットフローとワークフローのアプリタイプ

　高度なアプリタイプは**チャットフロー**と**ワークフロー**の2種類があります。チャットフローは**対話形式で段階的に処理**を進めるアプリケーションに適しています。一方、ワークフローは**一度の実行で完結する処理**に向いています。これは基本アプリタイプの「チャットボット」と「テキストジェネレーター」の関係に似ています。

　まずは単純なチャットボットを作成して、高度なアプリタイプの基本概念を理解していきましょう。

3-3-2 》 高度なアプリタイプの基礎

　アプリ作成画面でチャットフローを選択し、任意の名前を付けてアプリケーションを作成します。ここでは「チャットフロー」という名前にします。

3.3 高度なアプリタイプの基本

▼図3-15 チャットフローのアプリタイプを選択し、名前を設定

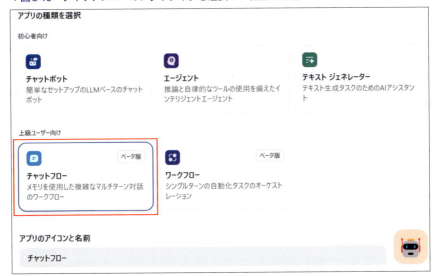

作成すると、次のような開発画面が表示されます。

▼図3-16 ノード設定画面

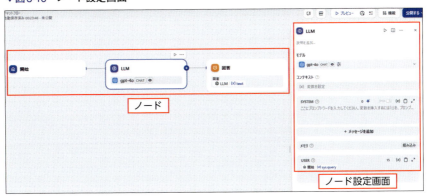

　高度なタイプのアプリケーションでは**ノードと呼ばれるブロックを線で繋いで**アプリケーションを作成していきます。ノードは**アプリケーション内の1つの処理単位**で、例えば「言語モデルを使う」「ユーザーに回答を表示する」といった処理を1つずつ実行します。これらのノードを線で繋ぐことで、アプリケー

79

ション全体の処理の流れを視覚的に設計できます。

チャットフローではデフォルトで開始ノード、LLMノード、回答ノードの3つのノードが配置されています。ユーザーがテキストを入力すると、開始ノードから線で繋がれた順序で処理が実行されていきます。

右上のプレビューボタンを押してチャット欄にテキストを入力することで、現在のノード構成での処理をテストできます。

▼図3-17　プレビュー

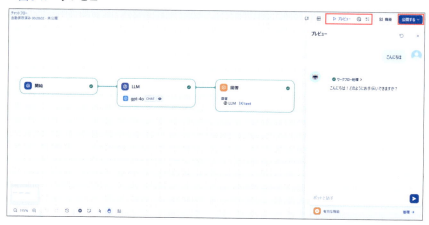

実行時には開始ノード→LLMノード→回答ノードという処理の流れが視覚的に表示されます。これにより、アプリケーションの動作を視覚的に理解しやすくなっています。

アプリケーションが完成したら、右上の公開するボタンをクリックし、公開完了後にアプリを実行を選択することでユーザー利用画面にアクセスできます。

3.3 高度なアプリタイプの基本

▼図3-18　アプリケーションの公開

以上が高度なアプリタイプでの開発、アプリ公開の流れとなります。

3-3-3 » 変数の基本概念

高度なアプリタイプでの開発において重要な概念が**変数**です。変数は3.2節でも少し触れましたが、簡単に言えば**データを一時的に保存しておく箱のよう**なものです。

▼図3-19　変数のイメージ

例えば、チャットボットではユーザーが「こんにちは」や「おはよう」などさまざまな入力を行います。その際、ノードでこれらの入力を処理するためには、入力された値を参照する必要があります。そこで**ユーザーの入力**を変数に格納し、各ノードからその変数を参照することで処理を行う仕組みとなっています。

例えばチャットフローではユーザーの入力はsys.queryという変数に格納されるため、ノードの設定でsys.query変数を参照することで**ユーザーの入力を**参照できます。

▼図3-20　sys.query変数を参照

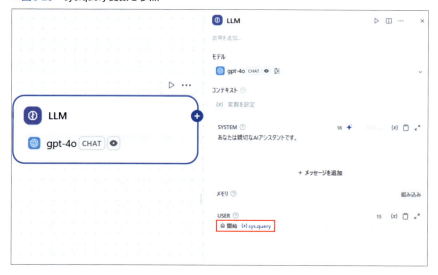

上の図は言語モデル（LLM）ノードの設定画面です。sys.query変数をプロンプトに設定することで、ユーザーが入力した内容を言語モデルへの入力として渡すことができます。

ノードの設定で変数を参照する際は、設定画面で/または{を入力します。

▼図3-21　変数の参照

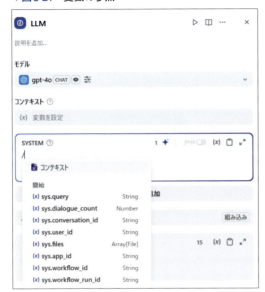

　そうすると利用可能な変数の一覧が表示されます。例えばsys.dialogue_countという変数には「**現在の会話が何往復目か**」という情報が記録されています。これを使えば、例えば初回の会話でのみ特定の文章を表示させるといった細かい制御も可能になります。

3-3-4 》 システム変数の概要

　次に、Difyで利用できる変数について説明します。Difyでは**システム変数**と呼ばれる特別な変数群があります。これらはsys.で始まり、アプリケーションの実行時に自動的に値が設定されます。主要なシステム変数には次のようなものがあります。

- sys.query：ユーザーが入力したテキスト内容を格納する変数
- sys.dialogue_count：ユーザーとの会話ターン数。各チャット後に自動的に1ずつ増加し、会話の回数に基づいて挙動を変える場合などに利用
- sys.files：ファイルを格納する変数。ユーザーがアップロードしたファイルを処理するアプリで利用

なお、チャットフローとワークフローのアプリタイプで利用できるシステム変数はそれぞれ異なります。他にも開発者が自由に定義できる変数や、ノードの処理結果が格納される変数など、さまざまな種類の変数が用意されています。

以上が高度なアプリタイプの開発を行う上で基本的な概念となります。ポイントとしては「**各処理を行うノードの結合**」と「**変数によるデータの参照**」という2つの概念を基本として、アプリケーション開発を行うところです。

3.4 文書校正アプリケーションの開発

ここからアプリケーションを実際に作りながら、高度なアプリタイプの理解を深めていきましょう。3.1節で紹介したように、完成したアプリケーションはDSLファイルとして用意してありますので、必要なときに参照してください。

3-4-1 》 文書校正アプリの概要

ここでは**ユーザーが入力した文章を言語モデルで自動的に校正する**アプリケーションを開発します。仕事で読みやすい文章の作成に、多くの時間とエネルギーを使っている人も多いかと思います。誤字脱字の修正、表現の適切さをチェックする作業は言語モデルが得意な分野です。言語モデルを活用した文書校正アプリを作成してみましょう。

作成するアプリケーションのイメージ図は次の通りです。

3.4 文書校正アプリケーションの開発

▼図3-22 文書校正アプリの概要

　このアプリケーションでは、ユーザーが文書を入力すると問題点を指摘し、具体的な修正案を提案してくれます。仕事で作成する文書における敬語の使い方、文章の簡潔さ、論理性などを自動でチェックできます。また修正案だけでなく、なぜその修正が必要なのかという解説も表示するようにします。

3-4-2 》 アプリケーションの基本設計

　今回は一度の実行で文書を校正できる仕様としたいため、ワークフローのアプリタイプを選択します。名前は「AI文書校正アシスタント」と設定します。

▼図3-23 ワークフローのアプリタイプを選択し、名前を設定

　最終的に作成するノード構成は次の通りです。

▼図3-24　アプリ全体のノード構成

　ここでは開始ノード、LLMノード、終了ノードの3つの基本的なノードの使い方を学びます。これらのノードは、高度なアプリケーションを開発する際の基礎となる重要なノードです。アプリを作成しながら、1つずつ理解していきましょう。

3-4-3 » 入力データの受け取り方を設定

　まず最初に、開始ノードの設定を行います。開始ノードでは、**ユーザーから受け取るデータを設定**できます。今回のアプリケーションでは、ユーザーから校正する文書を受け取れるようにする必要があります。

　3.3節で説明したチャットフローのアプリタイプでは、ユーザーの入力を自動で格納する sys.query という変数がありました。ワークフローのアプリタイプでは、sys.query という変数がありません。そのため、自分で**ユーザーの入力を格納する変数**を作成します。

　変数の追加は、開始ノードを選択して＋ボタンをクリックします。

▼図3-25　開始ノード

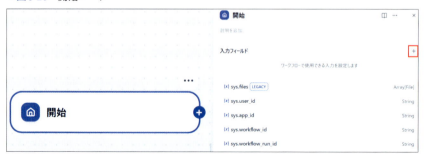

　そうすると、次のように追加する変数を設定する画面が表示されます。

▼図3-26　変数の設定

　変数の設定項目は基本アプリ3.2節とほぼ同じです。ここではユーザーから長文を受け取ることがあるため短文ではなく、段落を選択します。その他変数名、ラベル名、最大長は適宜設定します。変数名は開発時に利用する名前となり、ユーザーには表示されません。一方、ラベル名はユーザーに表示される名前のため、何を入力するべきかわかりやすい表現にします。

3-4-4 》 言語モデルによる校正処理の設定

　続いて開始ノードの+ボタンをクリックして、LLMノードを追加します。LLMノードは言語モデルを実行するためのノードです。

▼図3-27　LLMノードの設定

　LLMノードでは主に**使用する言語モデルの選択**と、**プロンプトの設定**が必要です。本書ではOpenAIのモデルを使用しますが、モデルを変更したい場合はノード設定画面のモデルから選択することができます。

▼図3-28　LLMの選択

　ただしモデルを変更する場合、2.4節で解説した通り、利用する言語モデルを提供するプロバイダーの登録を完了している必要があります。

》 プロンプトの設定

　プロンプトには校正の基準や方針を設定します。次のプロンプトは、文書校

正を行うためのプロンプトの一例です。こちらをSYSTEM欄に設定します。

```
あなたはビジネス文書の校正と改善を行う専門家です。
入力された文書に対して以下の観点で分析と改善を行ってください：

1. 文書構成の適切性
    - 文書の種類に応じた必要な要素が含まれているか
    - 内容の順序や段落の区切りは適切か
    - 箇条書きなどの書式は統一されているか

2. 文体の一貫性
    - 文末表現は統一されているか
    - 敬語の使い方は適切か
    - 全体的な文体は一貫しているか

3. ビジネス文書としての表現の適切さ
    - 適切な敬語や丁寧な表現が使われているか
    - 口語的な表現や不適切な言い回しはないか
    - 曖昧な表現や不適切な省略はないか

4. 誤字脱字や文法の問題
    - 漢字やひらがなの使い分けは適切か
    - 同じ言葉の表記は統一されているか
    - 句読点の使い方は適切か

5. わかりやすさ、簡潔さ
    - 文章の流れはわかりやすいか
    - 不必要な重複や冗長な表現はないか
    - 重要なポイントは明確に伝わるか

### 現在の文書
```

➡次ページに

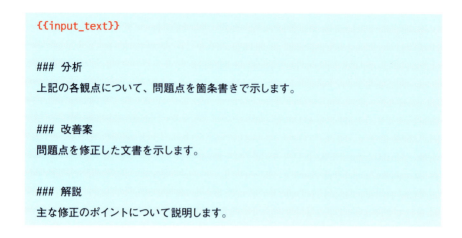

プロンプトに {{input_text}} という変数を埋め込んでいます。これは、先ほど開始ノードで定義した変数です。これにより、ユーザーが入力した文書を埋め込んだプロンプトを言語モデルに渡すことができます。変数の参照方法はプロンプトの設定欄で / または { を入力することで参照可能な変数が表示されます。

▼図3-29　プロンプトへの変数の埋め込み

3.4 文書校正アプリケーションの開発

≫ SYSTEM欄とUSER欄のプロンプトの設定

プログラムから言語モデルを利用する場合、**システムプロンプト**と**ユーザープロンプト**という2種類のプロンプトを設定できます。

システムプロンプトは、言語モデルの役割など**会話全体を通しての指示**を記載して、ユーザープロンプトは**タスクに応じた具体的な内容**を記載するのがよいとされています。ただし筆者の経験上、使い分けによる精度の差は大きくないため、どちらでも問題ないと考えています。特にワークフローでは、会話の履歴を保存しないため、ここでは単純にSYSTEM欄にまとめてプロンプトを記載しています。気になる方は+メッセージを追加からUSER欄を作成してプロンプトを設定してもよいでしょう。

▼図3-30　プロンプトの設定

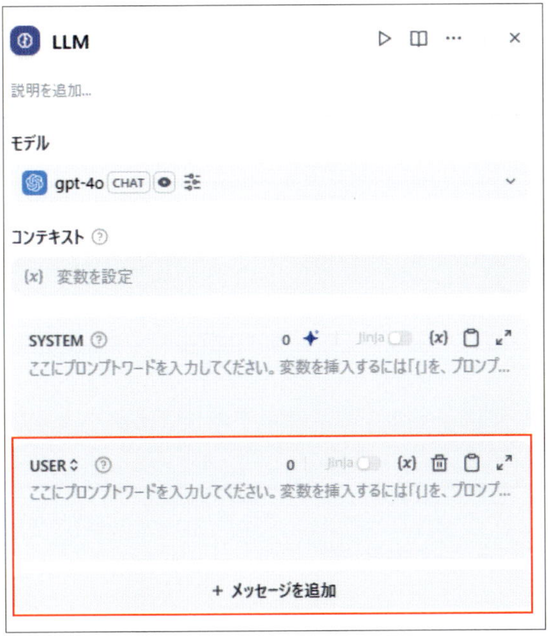

≫ モデルの仕様の違いによる注意点

モデルによってはユーザープロンプトを指定しないとエラーが発生するもの

があります。

　例えば、AnthropicのClaudeでは、SYSTEM欄だけにプロンプトを設定するとエラーが発生します。

▼図3-31　LLMエラー

　これはモデルの仕様によるものです。このような場合はUSER欄に追加する必要があります。

▼図3-32　USER欄にプロンプトを設定

　USER欄には具体的な内容を設定するため、今回であれば上記のようにinput_textを設定するのが適切でしょう。

3-4-5 》 校正結果の表示方法を設定

　最後に校正結果をユーザーに表示するための**終了ノード**の設定を行います。このノードを設定することで、生成した結果をユーザーに表示させることができます。設定は単純で、表示させたい変数を出力変数として設定するだけです。今回はLLMノードの出力変数を設定して、校正結果をユーザーに表示させます。

3.4 文書校正アプリケーションの開発

▼図3-33 終了ノードの設定

　設定項目として、**変数名**と**出力内容**を指定しています。変数名は主にプログラムや他のアプリケーションからこのワークフローを実行する際に使用するもので、今回は特に気にする必要はありません。一般的な名前としてllm_outputと設定します。出力内容にはLLMノードの出力変数textを指定しています。これは、LLMノードの出力結果が格納される変数です。各ノードでどのような変数が出力されるかは、ノードの設定画面で確認できます。

▼図3-34 出力変数の確認

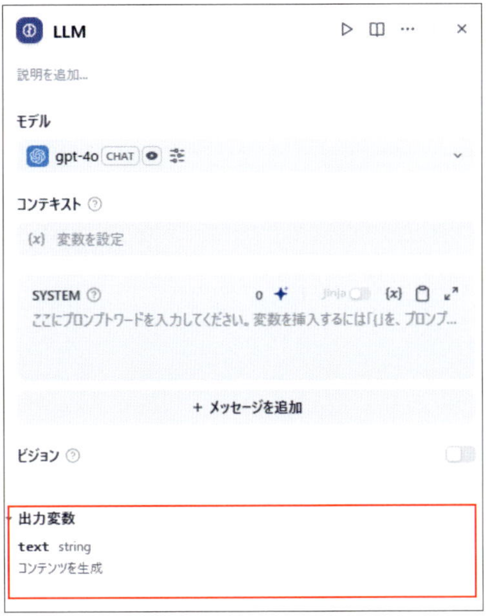

3-4-6 》 アプリケーションのテストと調整

3つのノードの設定が完了したら、実際に動作確認を行います。画面右上の実行ボタンを押して、校正したい文書を入力後、実行を開始ボタンを押すことでアプリケーションの動作確認を行います。

▼図3-35　アプリケーションの実行

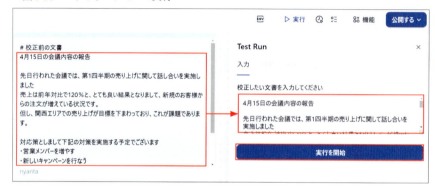

実行すると、文書の分析結果と校正された文書が表示されます。

▼図3-36　実行結果

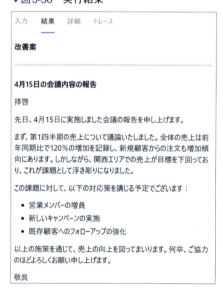

3.4 文書校正アプリケーションの開発

　出力結果が期待通りでない場合は、LLMノードのプロンプトを調整して再度テストを行います。ここは個々のユースケースに応じて試行錯誤が必要です。

3-4-7 》 アプリケーションの公開と利用

　テストが完了して、アプリをユーザー画面から利用したい場合は右上の公開するから、アプリを実行を選択します。

▼図3-37　アプリケーションの公開

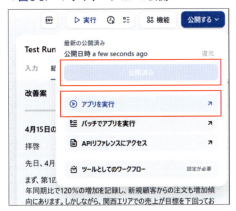

　ユーザー画面では、テキストボックスと開始ノードで設定したラベル名が表示されています。校正したい文書を入力し、Executeボタンを押すことでアプリを実行できます。

▼図3-38 ユーザー画面から実行

3-4-8 》 アプリケーションの拡張性を高める

　校正したい文書を入力するだけで簡単に使えるアプリケーションを作成しましたが、少し機能を拡張してみましょう。例えば、変数機能を利用して**校正時に重視する点**や**校正後の文書のトーン**を選択できるようにしてみます。

　開始ノードの入力フィールド欄の＋ボタンから選択式の変数を追加し、「校正する際に重視する点」（簡潔性／論理性／丁寧さ）や「校正後の文書のトーン」といった選択肢を設定できるようにします。ここでは、図3-39の赤枠箇所のように選択肢を記入しました。

▼図3-39　選択式の変数で選択肢を設定

3.4 文書校正アプリケーションの開発

フィールドタイプを選択式に設定し、変数名を priority_points、writing_style などと設定して作成します。これにより開始ノードに新しく変数が追加されます。

▼図3-40　選択式の設定

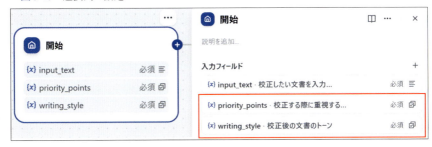

これらの変数をLLMノードのプロンプトに組み込むことで、ユーザーの選択に応じた校正が可能になります。

▼図3-41　プロンプトの変更

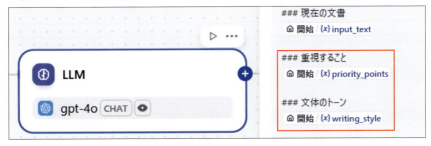

これによりユーザーが選択した項目がプロンプトに反映されるので、より柔軟な出力が行えるようになります。もちろん自由記述にしてもよいですが、プロンプトの書き方に詳しくないユーザーには、選択肢から選ぶほうが簡単で使いやすいでしょう。

設定を変更した際は、画面右上の公開するから更新を選択してからアプリケーションを実行してみましょう。

▼図3-42　変数を追加してアプリを実行

　選択式で出力を制御できるようになりました。以上で基本的な文書校正アプリの作成は完了です。

　報告書や取引先へ送るメール文章の校正など、プロンプトを変更することでさまざまな用途に利用できるかと思います。最後に繰り返しになりますが、クラウド版でアプリケーションを公開している場合はアクセスの管理に気を付けてください（2.2節参照）。

3.5　条件分岐を活用した文書処理アプリの開発

　この節では、ユーザーの目的に応じて**処理内容を切り替えられる**アプリケーションの開発方法を学びます。状況に応じて適切な処理に自動で切り替えられると、よりアプリケーションの柔軟性を高めることができます。

3-5-1 》 文書処理アプリケーションの概要

　ここではユーザーの選択により**異なるプロンプトが設定された言語モデルを利用するアプリケーション**を開発します。前節では文書校正アプリを作成しましたが、アイディアとしては他にも翻訳を行うアプリ、報告書を作成するアプリなどさまざまなものが考えられます。それら一つ一つをアプリ化してもよい

ですが、タスクの数だけアプリケーションが増えてしまうと管理する側も利用する側も大変です。そこで1つのアプリケーションの中で**複数のタスクに対応**したアプリケーションを開発してみましょう。

今回作成するアプリのイメージは次の通りです。

▼図3-43　**条件分岐を利用した文書処理アプリの概要**

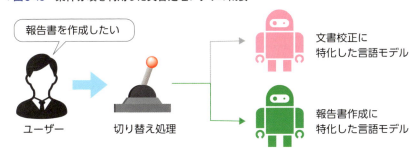

このアプリケーションでは何らかの文章を入力して、ユーザーが「校正」を選択した場合は文書校正プロセスが、「報告書作成」を選択した場合は報告書生成プロセスが実行されます。このように条件に応じて処理を変更する仕組みは、さまざまな用途に対応するアプリケーションを開発するために必要となります。

3-5-2 》 アプリケーションの基本設計

今回も一度の実行で完結するアプリのため、ワークフローのアプリタイプを選択します。名前は「マルチ文書アシスタント」とします。

▼図3-44 ワークフローのアプリタイプを選択し、名前を設定

最終的に作成するノード構成は次のようになります。

▼図3-45 アプリ全体のノード構成

やや複雑に見えますが、1つずつノードを理解していけばそれほど難しくはありません。このアプリケーションの作成を通してIF/ELSEノード、**変数集約器ノード、テンプレートノード**の使い方を学びます。

3-5-3 » 開始ノードでの入力設定

まず開始ノードでユーザーから受け取る変数を定義します。今回は校正もしくは、報告書を作成するための**文書を格納する変数**と、どちらの処理を行うかの**選択結果を格納する変数**の2つを定義します。変数の追加は開始ノードの**＋**ボタンから行います。

3.5 条件分岐を活用した文書処理アプリの開発

▼図3-46 開始ノード

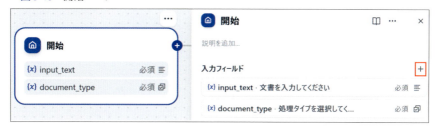

それぞれの変数は次の通りフィールドタイプや変数名などを定義します。こちらは3.4節で既に解説した内容となります。

▼図3-47 変数の設定

文書を格納する変数

処理タイプを格納する変数

これによりユーザーは文書の入力と、処理タイプの選択が可能になります。

3-5-4 》 IF/ELSEノードによる処理の分岐

続いてIF/ELSEノードの設定を行います。IF/ELSEノードは**条件に応じて後続の処理を変更することができるノード**です。

▼図3-48　IF/ELSEの切り替え

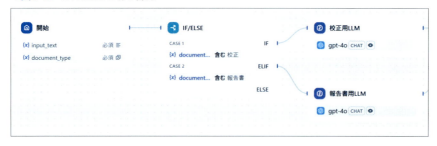

今回のアプリケーションでは、ユーザーが「校正を行うか」、「報告書を作成するか」の選択を行います。その選択に基づいて、利用するLLMノードを切り替えます。そのため、選択した内容が格納されているdocument_typeの変数をもとに、IF/ELSEノードで条件分岐を行います。

まずはIF/ELSEノードを作成して、条件の設定を行います。

▼図3-49　IF/ELSEノード

IF/ELSEノードには+条件を追加と+ELIFがあり、それぞれの意味は次の通りです。

● +条件を追加ボタン
- 1つの分岐に対する判定基準を設定する
- 1つの分岐に対して複数の判定基準を設定することもできる（たとえば、「年齢が20歳以上AND学生である」のように組み合わせることが可能）

● +ELIFボタン
- 新しい分岐を追加する
- 例えば、「もし入力がドキュメントならAの処理、画像ならBの処理」のよ

3.5 条件分岐を活用した文書処理アプリの開発

うに、**複数の場合分けを作る際に使用する**

ここでは校正と報告書で場合分けを行いたいため、+ELIFにより分岐を作成しましょう。

▼図3-50　IF/ELSEノードの設定

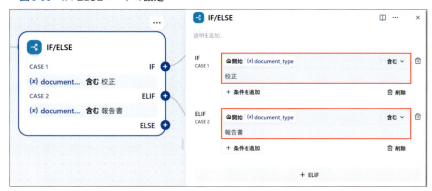

document_typeには校正か報告書の文字列が格納されています。それをもとに次の2つの条件を定義しています。

- 校正という文字列を含むか
- 報告書という文字列を含むか

これにより、ユーザーが選択した内容に応じて後続処理が切り替わります。

IF/ELSEノードで設定できる判定条件には含む以外にも、さまざまな選択肢があります。

▼図3-51　条件の設定

3-5-5 » LLMノードの設定と処理の実装

次に、校正用と報告書作成用のLLMノードを設定します。IF/ELSEノードの後にノードを追加するには、各条件の＋ボタンをクリックして後続の処理を定義します。

▼図3-52　LLMノードの追加

校正用のLLMノードのプロンプトは、3.4節で作成したものをそのまま使用

することにします。報告書作成用のLLMノードには、次のようなプロンプトを
SYSTEM欄に設定します。

> あなたは報告書作成のプロフェッショナルです。以下の特徴を持つ報告書を作成し
> てください：
>
> - 簡潔な要約を冒頭に配置
> - 目的、方法、結果、考察の明確な区分け
> - データや事実に基づく客観的な記述
> - 具体的な数値やエビデンスの活用
> - 簡潔で明瞭な文章表現
> - 次のアクションや提言の明示
>
> ### 報告書フォーマット
> 1. エグゼクティブサマリー
> 2. 背景と目的
> 3. 内容詳細
> 4. 結論と提言
>
> ### 元の文章
> {{input_text}}

{{input_text}}には開始ノードで定義した元の文章が挿入されます。

またノードには任意の名前を付けることができます。ノードが増えてくると、どのような処理を行っているかわかりにくくなるため、必要に応じて名前を付けておきましょう。

▼図3-53 LLMノードの名前を変更

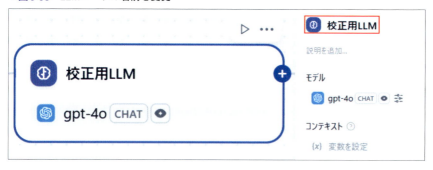

3-5-6 》 変数集約器ノードによる結果の統合

続いて処理結果を1つにまとめて扱うために**変数集約器ノード**を使用します。

▼図3-54 変数集約器ノード

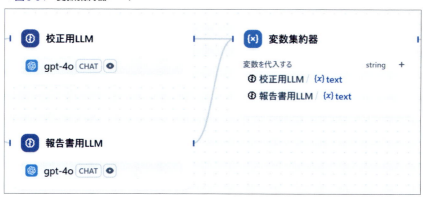

　変数集約器ノードは**複数の処理結果を1つにまとめたい場合**に利用します。これにより、同じ処理を何度も定義する必要がなくなり、**アプリケーションの管理や修正が容易**になります。今回、条件分岐により文書校正と報告書作成の2つの処理を定義しています。これらの処理結果に対して、別々に終了ノードを定義することも可能ですが、そうすると条件が増えるごとに同じ処理を何度も定義する必要が出てきます。同じ処理を何度も定義するとちょっとした変更でも修正箇所が増えてしまい、管理が煩雑になってしまいます。そのような

3.5 条件分岐を活用した文書処理アプリの開発

場合に変数集約器ノードを利用して処理を集約してみましょう。

設定は簡単で、変数集約器ノードに統合したいノード（この例ではLLMノード）を接続した後、統合したい出力変数を選択するだけです。2つのLLMノードを変数集約器ノードに接続して＋マークで変数を追加します。

▼図3-55　変数集約器ノードへの変数追加

校正用と報告書作成用のLLMノードの出力変数を選択します。これにより、**両方の出力結果を1つの変数**として扱えるようになります。

▼図3-56　変数集約器ノードの設定

なお、変数集約器ノードは基本的に**同じ型の変数しかまとめることができません**。例えば、文字列型（例：こんにちは）と数値型（例：100）のように、性質の異なる変数を1つにまとめることはできません。今回は校正結果と報告書の両方が文章（文字列型）の出力なので、問題なく統合できます。

異なる型の変数を扱う必要がある場合は、**グループ機能**を使用します。

▼図3-57 変数集約器ノードグループ

グループ機能をONにすると、Group1とGroup2という2つのグループで別々の型の変数を管理できます。これにより、1つの変数集約器ノードで異なる型の変数を扱えるようになります。

3-5-7 》 テンプレートノードによる出力の整形

次に、テンプレートノードで出力結果を整形します。テンプレートノードは、**出力結果を綺麗に整形したい場合**に使えるノードです。

▼図3-58 テンプレートノードの処理

言語モデルも十分読みやすい文章を生成してくれますが、ちょっとした**固定文などを付け加えたい場合**があります。例えば、「この文章はAIにより自動生成されており、100%の精度を保証するものではありません。」などの注意事項をユーザーに提示したい場合などです。そのような際にテンプレートノードを利用することで、言語モデルの出力に文章を追加することができます。

他にも、テンプレートノードではちょっとした条件分岐など、**プログラム処**

3.5 条件分岐を活用した文書処理アプリの開発

理を組み込むことができます。今回は、校正と報告書作成の処理に応じて、出力する文章を切り替えてみましょう。

まずは、テンプレートノードを変数集約器ノードの後に作成します。

▼図3-59 テンプレートノードの作成

テンプレートノードで処理する変数を定義します。入力変数は、テンプレートノードの中で参照する際に利用する変数名で、今回はllm_output、content、document_typeを定義します。

▼図3-60　テンプレートノードの設定

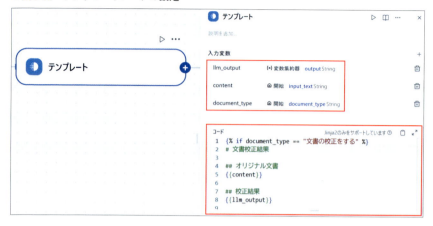

　これによりテンプレートノードに記述するコードの中で{{ 変数名 }}で値を参照できるようになります。例えば、llm_outputには変数集約器ノードの出力結果（output）が格納されているので、コードの中で{{llm_output}}と記述することで、その値を参照できます。

≫ Jinja2テンプレートの基礎

　テンプレートノードでの処理の記述は難しいため、もう少し具体的に説明します。テンプレートノードではJinja2というテンプレート言語[注1]を使用します。やや技術的な内容のため、今回のアプリケーションを作成する上では次の2つを押さえておけば十分です。

- 変数の参照：{{ 変数名 }}で変数の値を表示できます
- 条件分岐：{% if 条件 %}で、変数の値に応じて異なる文章を出力できます

　例えば、今回入力変数で次のような値を設定しています。

```
content = "校正前の文章"
llm_output = "校正された文章"
```

注1　テンプレート言語は、テンプレートとデータを組み合わせて動的にコンテンツを生成するために使用されます。
https://jinja.palletsprojects.com/en/stable/

3.5 条件分岐を活用した文書処理アプリの開発

```
document_type = "文書の校正をする"
```

このとき、テンプレートノードの中で次のようなコードを記述すると

```
文書タイプ：{{document_type}}
原文：{{content}}
校正後：{{llm_output}}
```

出力は次のようになります。

```
文書タイプ：文書の校正をする
原文：校正前の文章
校正後：校正された文章
```

このように、Jinja2で書いたコードの中の {{ 変数名 }} に変数の値が代入され、出力されます。これによりこれまでの処理で生成された変数を1つの文章としてまとめることができます。

また、Jinja2では条件分岐（if文）を使うことで、**変数の値に応じて出力する文章を変更**することができます。条件分岐は {% if 条件 %} と記述して、条件に応じて出力する文章を変更します。今回は次の内容をコード欄に入力します。

```
{% if document_type == "文書の校正をする" %}
# 文書校正結果

## オリジナル文書
{{content}}

## 校正結果
{{llm_output}}


---
※上記の校正結果は AI による提案です。
```

➡次ページに

```
文脈や意図に応じて適切に判断してください。

{% else %}
# 報告書作成結果

{{llm_output}}

---
※この報告書は AI により自動生成されています。
内容の確認と必要に応じた編集をお願いします。
{% endif %}
```

　今回は、document_type変数の値に応じて出力する文章を変更しています。Jinja2の書き方は少し難しいため、困った場合はChatGPTなどにJinja2構文のみを利用してテンプレートを作成するように指示してみるとよいでしょう。

3-5-8 》 終了ノードの設定と出力

　最後に、終了ノードを設定します。テンプレートノードの後に終了ノードを作成しましょう。

3.5 条件分岐を活用した文書処理アプリの開発

▼図3-61 終了ノードの作成

ここではテンプレートノードの出力結果をユーザーに表示するための設定を行います。

▼図3-62 終了ノードの設定

適当な変数名（この例ではtemplate_output）を設定し、テンプレートノードの出力を割り当てます。これで基本的なアプリケーションの構築は完了です。

3-5-9 》 アプリケーションのテストと実行

右上の実行ボタンでテストを行い、問題なければ公開するからアプリケーションを公開します。まずは校正機能をテストしてみましょう。

Chapter 3　テキスト処理を行うアプリケーション開発

▼図3-63　文書の校正結果

次に、同じ入力文書で報告書作成をテストします。

▼図3-64　報告書の作成結果

　選択した条件に応じて適切に処理が切り替わっていることがわかります。さらに発展させたい場合は、前節で学んだ文書のトーンの制御などを組み合わせることもできるでしょう。

　ここでは単一の目的だけでなく、複数の処理を1つのアプリで実現する方法を学びました。IF/ELSEノードで処理を分岐させ、変数集約器ノードで結果を統合し、テンプレートノードで出力を整形するという流れは、より複雑なアプリケーションを作る際の基本となります。

3.6 JSONモードで作る文章アシストアプリ

　この節では**言語モデルの出力を制御する方法**について学びます。言語モデルは自由な文章を生成するため、フローを作成しにくいことがあります。そのような場合は、特定の形式に従って文章を生成できる**JSONモード**が有用です。アプリケーションを開発しながら、JSONモードの使い方を学んでいきましょう。

3-6-1 ≫ 文章アシストアプリの概要

　ここでは**入力した文章の続きを複数生成するアプリケーション**を開発します。仕事で資料を作成する際や、メールを書く際に途中で言葉に詰まることはよくあるかと思います。言語モデルの力を借りて、現在の文章から**続きの文章を提案させるようなアプリケーション**を開発していきましょう。

　作成するアプリケーションのイメージは次の通りです。

▼図3-65　文章アシストアプリの概要

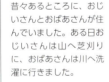

　このアプリケーションではユーザーが途中まで書いた文章を入力すると、その後に続く文章の候補を複数提案します。ポイントとしては、言語モデルから複数の候補文が生成されるため、それらを適切に処理し、ユーザーにわかりやすく表示する必要があります。アプリケーションの開発を通して**言語モデルの**

出力を適切に処理する方法を学んでいきましょう。

3-6-2 》 アプリケーションの基本設計

これまでと同様に一度の実行で文章を生成する仕様とするため、ワークフローのアプリタイプを選択します。アプリ名は「文章アシストアプリ」とします。

▼図3-66　ワークフローのアプリタイプを選択し、名前を設定

最終的なノード構成は次のようになります。

▼図3-67　アプリ全体のノード構成

LLMノードから複数の文章候補が出力されるため、それらを見やすく表示するためにLLMノードのJSONモードとコードノードを組み合わせています。ややプログラムの知識が必要になりますが、1つずつ理解していきましょう。

3-6-3 » 入力データの設定

まずは開始ノードで必要な変数を定義します。

▼図3-68　開始ノードに変数を追加

今回は次の3つの変数を定義します。

- original_text：現在の文章を格納するための変数
- key_message：続きの文章で特に伝えたいことを入力する変数
- length_preference：続きの文章の長さを指定する変数

▼図3-69　開始ノード

特にkey_messageの設定は重要です。言語モデルに続きの文章を生成させる際、ある程度の方向性を示さないと意図と異なる文章展開になりがちです。例えば取引先への提案書を作成したいのであれば、価格について説明したいのか、機能について詳しく述べたいのかなど、指針があるとユーザーの意図に合う文章が生成されやすくなります。また、length_preferenceを指定することで、続きの文章の長さを指定することができます。ただし、言語モデルは指定した長さぴったりに文章を生成することは苦手なので、あくまでも目安となります。

▼図3-70　変数の設定

それぞれの変数は上記のように設定します。

3-6-4 » LLMノードの設定と処理の実装

続いて、続きの文章を生成するためのLLMノードを設定します。

▼図3-71　LLMノードの追加

一例として、次のプロンプトをSYSTEM欄に設定します。なお、途中省略していますので、詳しくはDSLファイルを参照してください。

> あなたは文章作成の専門家です。与えられた文章の続きを3パターン書いてください。

```
以下の制約に従ってJSON形式で出力してください。

### 制約条件
- 元の文章のトーンや文体を完全に踏襲し、違和感なく自然に続く文章を生成する
- 文章の長さは{{length_preference}}とする
- 必ず下記のJSON形式で出力する

### 特に伝えたいこと
{{key_message}}

### 元の文章
{{original_text}}

### 出力形式
{
    "continuations": [
        {
            "pattern": 1,
            "text": "続きの文章1"
        },
        ...
    ]
}
```

このプロンプトでは、続きの文章を3パターン生成するよう指示しています。特に重要なのは、JSONモードという出力を制御する仕組みを利用している点です。

》 JSONモードによる出力の構造化

JSONモードは、LLMの出力を構造化された形式で取得するための機能です。

▼図3-72 JSON形式の出力

通常の言語モデルの利用では、入力に対して自由な形式の文章が返されます。一方、JSONモードを使用すると、**予め定めた構造**で出力を得ることができます。JSONモードを利用すると例えば、「こんにちは」という入力に対して、{"response": "こんにちは！今日はどんなお手伝いができるでしょうか？"}のようなJSON形式で出力させることができます。

なぜこのような形式で出力するかというと、出力された文章から**特定の部分を正確に抽出**しやすくするためです。今回のように文章の続きを3パターン生成する場合、通常のテキスト出力では次のような出力になる可能性があります。

- 続きの文章1
- 続きの文章2
- 続きの文章3

もしくは、次のような出力になるかもしれません。

1）続きの文章1
2）続きの文章2
3）続きの文章3

このように、言語モデルは実行のたびに異なる形式で出力する可能性があり、その中から**必要な文章だけを取り出す**のは困難です。一方、JSONモードを使用すると {"response": "..."} のように、キーワード（この場合は"response"）を手がかりに必要な文章を確実に取り出すことができます。このように出力形式を予め定められた構造に統一することで、データの抽出が容易になります。

》JSONモードの設定方法

JSONモードは、モデルのパラメータ設定から有効化します。ただし、すべてのモデルがこの機能をサポートしているわけではないため注意してください。

▼図3-73　LLMノードのJSONモード

GPT-4oの場合Response Formatの項目の選択でjson_objectを選択することで有効化できます。またJSONモードを使うには、**プロンプト内にJSONという文字列を入れる必要**があります。JSONという文字がないとエラーが出るので注意しましょう。

このような設定により、LLMノードからは{"key": "value"}のようなJSON形式の出力が得られるようになります。

》出力データの処理設定

次にJSON形式の出力を適切に処理するため、**コードノード**を設定します。コードノードでは、**PythonやJavaScriptなどのプログラミング言語を実行**できます。

▼図3-74　コードノードの配置

　今回LLMノードから{"key": "value"}のようなJSON形式の出力がされるため、valueの部分だけを取り出す必要があります。これを行うためにコードノードを利用してデータの型変換を行います。

　今回は次のようなPythonのコードを設定します。

```python
def main(arg1: str) -> dict:
    import json
    parsed_data = json.loads(arg1)
    return {
        "result": parsed_data,
    }
```

　プログラムに関しては、難しいためここでは**JSONモードの出力を後続で使いやすい形に変換している**と理解していただければ大丈夫です。

　より具体的に説明をすると、このコードではLLMノードから出力されたデータを扱いやすい形（オブジェクト型）に変換する処理を行っています。今回LLMノードからは{"pattern": 1, "text": "続きの文章1"}のような文字列が出力されます。しかし、文字列では文章部分（この場合続きの文章1）だけを取り出すのが面倒です。そのため、この文字列をデータの一部を自由に取り出せる形式（オブジェクト型）に変換しています。

　コードノードでは、上記コードの他に**入力変数と出力変数を定義する必要**があります。入力変数はLLMノードの出力をarg1として定義して、出力変数をresultと定義します。この際、resultの型を指定する必要があります。オブジェクト型に変換されるためObjectを選択します。

▼図3-75　コードノードの設定

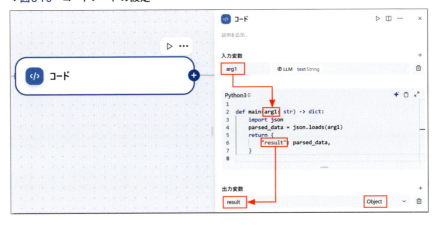

難しい場合や設定が面倒な場合は、DSLファイルをご活用ください。

≫ テンプレートノードによる出力の整形

続いて**複数の文章案を見やすく表示する**ためにテンプレートノードを設定します。

▼図3-76　テンプレートノードの設定

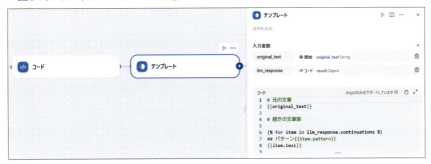

コードノードによる変換で、JSON形式のデータから一部のデータを取り出しやすくなりました。テンプレートノードでは、**取り出したデータを見やすい文章形式に整えます**。

テンプレートノードの入力変数として次の2つを追加します。＋をクリックして定義しましょう。

- original_text：元の文章（開始ノードの original_text 変数）
- llm_response：コードノードの出力（コードノードの result 変数）

続いて、次のコードを設定します。

```
# 元の文章
{{original_text}}

# 続きの文章案

{% for item in llm_response.continuations %}
## パターン{{item.pattern}}
{{item.text}}

{% endfor %}

---
※ 各パターンは、文体や内容の一貫性を保ちながら、異なるアプローチで展開し
ています。
```

やや難しいですが、ここでは for 文を利用して複数の文章案を表示するようにしています。for 文はプログラムでよく使われる制御構文で、**何かの処理を繰り返し行う際に利用**します。

具体的に見てみましょう。LLMノードとコードノードの変換によって、テンプレートノードは次のようなデータを受け取ります。

```
llm_response = {
    "continuations": [
        {"pattern": 1, "text": "続きの文章1"},
        {"pattern": 2, "text": "続きの文章2"},
        {"pattern": 3, "text": "続きの文章3"},
    ]
}
```

3.6 JSONモードで作る文章アシストアプリ

　ここから3つの文章案（続きの文章1, 続きの文章2, 続きの文章3）を順番に表示させる必要があります。これを実現するのが先ほど記述したfor文です。

```
{% for item in llm_response.continuations %}
## パターン{{item.pattern}}
{{item.text}}

{% endfor %}
```

　これによりcontinuationsの部分（文章案が入っている配列）を取り出し、その中身を1つずつ（itemを通じて）処理していきます。例えば1つ目のitemには、{"pattern": 1, "text": "続きの文章1"}が入ります。このitemを通じて、

- item.patternには1が入り
- item.textには続きの文章1が入ります

　この処理を3つの文章案それぞれに対して繰り返すことで、次のような見やすい形式で文章が表示されます。

```
# 元の文章
［ユーザーが入力した文章］

# 続きの文章案

## パターン1
［1つ目の文章案］

## パターン2
［2つ目の文章案］

## パターン3
［3つ目の文章案］
```

➡次ページに

125

> ※　各パターンは、文体や内容の一貫性を保ちながら、異なるアプローチで展開しています。

　プログラミングが初めての人は難しく感じるかもしれませんが、処理している内容は単純な繰り返し処理です。もちろん、これらはプログラムを使わずに3つのノードを定義することもできます。しかし、その場合ノードの管理が複雑になったり、文章案の数を3から増やした場合などに修正が大変になります。アプリケーションの開発効率を高めるために、3.5節で紹介した if文 や、今回の for文 に関しては理解しておくのがよいでしょう。

3-6-5 》 アプリケーションのテストと実行

　最後に、テンプレートノードの出力を表示するよう終了ノードを設定します。

▼図3-77　終了ノードの設定

　アプリケーションの動作確認ができたら、公開する ボタンでアプリケーションを公開して使用してみましょう。

3.6 JSONモードで作る文章アシストアプリ

▼図3-78 アプリケーションの実行結果

　生成された3つの文章案は、それぞれ異なるアプローチで元の文章を展開しています。これらの候補から1つを選んで文章を続けたり、複数の案を組み合わせて新しい展開を考えたりと、さまざまな使い方が可能です。

❯❯ モデルパラメータの活用

　今回のような文章生成アプリでは、モデルのパラメータ設定が**出力の多様性**に大きく影響します。LLMノードでは次のようなパラメータを調整できます。

Chapter 3 テキスト処理を行うアプリケーション開発

▼図3-79 パラメータ設定

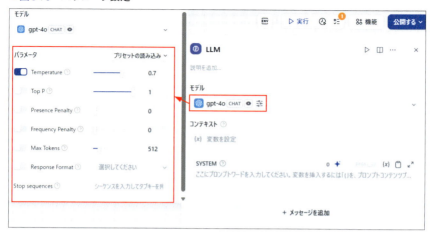

 特に重要なのはTemperature（温度）というパラメータで、これは**出力の多様性を制御**します。値が高いほど、より創造的で予想外の展開を含む文章が生成されやすくなります。例えば今回のアプリケーションで多様な文章案を得たい場合は0.7程度に設定し、より一貫性のある堅実な文章が欲しい場合は0や0.1といった低い値に設定するといった使い分けが可能です。

 また、Max Tokens（最大トークン数）は生成される文章の長さに上限を設定します。ただし、これは機械的な制限であり、**文章の自然な区切りは考慮されません**。例えば、Max Tokensを10に設定したとしても、10文字以内で文章を生成しようとするのではなくて、機械的に10文字で切られるだけとなります。

▼図3-80 Max Tokensによる出力長さの制御

モデルが生成する文章の長さを制御したい場合は、今回のアプリケーションで設定したようにプロンプトでそのように指示する必要があります。

3.7 問い合わせ対応チャットボット開発

　この節では、チャットフローでのアプリ開発を学んでいきます。チャットフローのアプリタイプでは、ユーザーからの問い合わせに自動で対応するチャットボットなど、**対話型のアプリケーション**を作成できます。これまでのワークフローと多くの機能は似ていますが、チャットフローでしか使えない機能などもあるため、簡単なアプリケーションを作成しながら学んでいきましょう。

3-7-1 » 問い合わせ対応チャットボットの概要

　ここでは、ユーザーの入力内容に応じて**言語モデルを切り替えて対話を行う**チャットボットを作成します。問い合わせ対応を自動化するチャットボットにはさまざまなパターンが考えられますが、まずは最もシンプルなアプリケーションを作成してみましょう。

　作成するアプリのイメージは次の通りです。

▼図3-81　問い合わせ対応チャットボットの概要

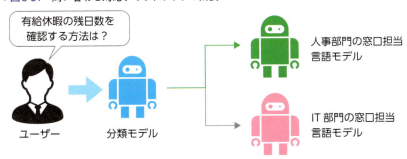

　このアプリケーションではユーザーが入力した内容に応じて、**言語モデルが**

後続で処理するノードを判断します。例えば、ユーザーの質問が人事部門に関する質問の場合は人事部門の情報を持つ言語モデルが実行され、IT部門に関する質問にはIT部門の情報を持つ言語モデルが実行されるような仕組みです。

3-7-2 » アプリケーションの基本設計

対話型のアプリケーションを作成するためチャットフローでアプリケーションを作成します。名前は「社内問い合わせ対応チャットボット」とします。

▼図3-82　チャットフローのアプリタイプを選択し、名前を設定

最終的なノードの構成は次の通りです。

▼図3-83　アプリ全体のノード構成

ここでは新しく質問分類器ノードと回答ノードの使い方を中心に学びます。両方とも便利なアプリケーションを作る上では重要なノードとなるため、使い方をしっかり学んでいきましょう。

3-7-3 》 開始ノードでの入力設定

チャットフローではデフォルトでsys.queryというユーザーの入力を格納する変数が用意されています。そのため、ユーザーの入力を格納するための変数を新しく設定する必要はありません。

▼図3-84 開始ノード

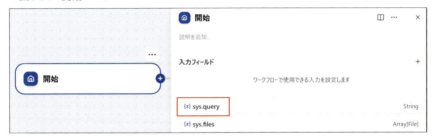

後続のノードでは、sys.queryを参照することでユーザーの入力を参照することができます。

3-7-4 》 質問分類器ノードの実装

続いて質問分類器ノードを設置します。質問分類器ノードは、**言語モデルを利用して入力を分類するノード**です。

▼図3-85　質問の分類

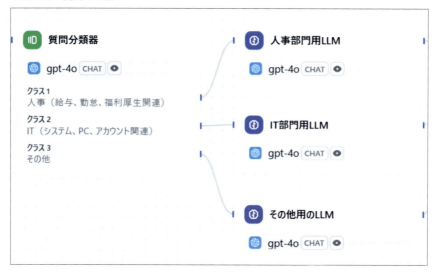

　今回はユーザーの入力内容に基づいて、後続の処理を変更します。例えばユーザーが「育休の申請手順を教えて」と入力すると、人事部門の情報を持つLLMノードを実行し、「PCの調子が悪いです」と入力すると、IT部門の情報を持つLLMノードを実行するようにします。

　3.5節で学んだIF/ELSEノードでも条件分岐は可能ですが、IF/ELSEノードでは分岐条件を**事前に明文化する必要**があります。一方、質問分類器ノードでは**言語モデルが入力内容を解釈して分類を行います**。そのため特定の単語などが含まれるかを条件とするIF/ELSEノードよりも柔軟な分類が可能です。

　まずはチャットフローの場合、デフォルトでノードが設置されているため、それらを削除しましょう。削除はノードを選択してdeleteキーを押すか、右上の設定から削除を選択します。

3.7 問い合わせ対応チャットボット開発

▼図3-86 ノードの削除

削除が完了したら、開始ノードの後に質問分類器ノードを配置します。

▼図3-87 質問分類器ノードの配置

質問分類器ノードの設定方法は非常に簡単です。

▼図3-88　質問分類器の設定

　まずモデルを選択し、入力変数として sys.query（ユーザーの入力）を設定します。その後、+クラスを追加で分類したいクラスを追加していきます。これで入力変数が、どのクラスに分類されるかを言語モデルが判断して、そのクラスに紐づいた処理が実行されます。クラスを作成する際は、「その他」というクラスも追加して、一般的な内容にも対応できるようにしましょう。

≫ 質問分類器の利用における注意点

　質問分類器ノードは簡単に設定できて柔軟性も高いですが、いくつか注意点があります。

　まず、言語モデルを利用するため**応答速度がやや遅くなる**可能性があります。ただし、一般的に言語モデルは入力よりも出力するテキストが長くなるほど処理時間が増加する傾向があるため、クラス名が短い場合は速度の面ではそれほど大きな問題にはなりません。

　次に同じ入力に対して**毎回同じ分類結果が返されるとは限らない**点に注意が必要です。これは質問分類器が言語モデルを使用しているためで、改善の試行錯誤を行う際にテストを行うのがやや大変になります。

3.7 問い合わせ対応チャットボット開発

さらに、コストの面でも考慮が必要です。質問分類器ノードには**長めのプロンプト**がデフォルトで設定されています。そのため簡単な入力に対しても、毎回分類が行われてしまいコストがかかります。

これらの課題に対する対策としては、まず**質問分類器を使用せずに実装できないか**検討するとよいでしょう。今回は学習も兼ねて利用していますが、例えば3.5節のように開始ノードで条件を選択式とすればIF/ELSEノードで対応できるかもしれません。他にも、LLMノードとIF/ELSEノードを組み合わせて短いプロンプトで分類処理を実装することも可能です。

3-7-5 ≫ LLMノードの設定

続いて、分類結果にそれぞれ対応するLLMノードを設定します。

▼図3-89　分類結果に対応するLLMノード

```
人事部門用LLM
gpt-4o CHAT

IT部門用LLM
gpt-4o CHAT

その他用のLLM
gpt-4o CHAT
```

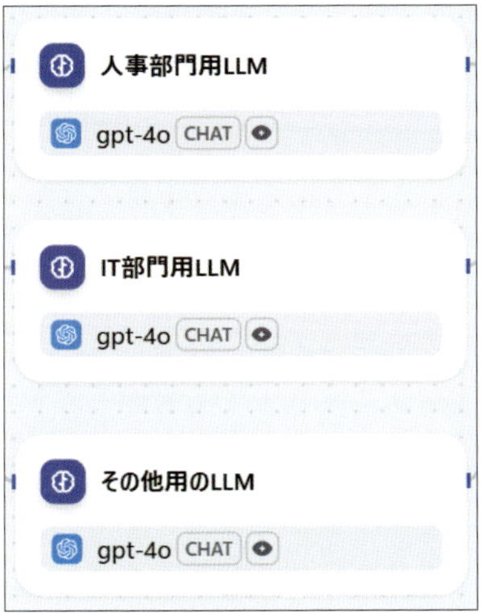

今回社内での問い合わせチャットボットを想定して、各クラスに対応したLLMノードを作成します。各LLMノードには**固有の情報をプロンプトに埋め込みます**。例えば、人事部門のLLMノードには人事部門の情報を予め設定しておき、IT部門のLLMノードにはIT部門の情報を予め設定しておきます。そうすることで、言語モデルがこれらの情報をもとに回答を生成するようにな

ります。

　ここでは人事部門のLLMノードに次のようなプロンプトを設定します。

> あなたは株式会社キャットAIの人事部門の問い合わせ担当者です。以下の社内ルールと方針に従って回答してください：
>
> 【勤怠管理】
> - 有給休暇は入社半年後から付与（初年度10日）
> - 有給申請は3営業日前までに勤怠管理システムで申請
> - 緊急時は事後申請可（ただし上長の承認必要）
>
> 【各種申請書類】
> - 住所変更：マイページから変更可能
> - 扶養追加：人事部での書面提出が必要
> - 源泉徴収：毎年12月に翌年分の確認書類を配布
>
> その他の規約などを入れる（省略）
>
> 対応時の注意点：
> - 個人情報に関する具体的な内容は回答しない
> - 制度の概要は説明できるが、個別の適用可否は対面で確認
> - 確認が必要な事項は人事部の担当窓口を案内
> - 必ず「〜でございます」という丁寧な言葉遣いを使用

　このように設定することで、**会社の独自情報に関しても回答できるチャットボット**となります。会社独自の情報を持たせる方法としては、Chapter 5で紹介するRAGという技術もあります。こちらは後ほど詳しく学んでいきますが、行っていることは上記と同様に**プロンプトに知識を埋め込みます**。今回のように埋め込みたい情報が少ない場合は、プロンプトに直接記述するほうが適切です。

　その他のLLMノードにも同様の形式で情報を設定します。すべてのプロンプトの設定はDSLファイルを参照してください。

》 メモリの設定

チャットフローの特徴として**会話履歴を保持できる**という点があります。これをメモリと呼び、LLMノードの設定から有効化できます。

▼図3-90 メモリ設定

メモリをONにするとUSERのプロンプト欄が表示されるため、こちらにsys.queryを設定します。これにより、**過去の会話履歴を含めた回答**が生成できます。

ただしこの場合、入力のたびに会話の履歴が送信されるため、会話が続くとコストが高くなります。その場合は、ウィンドウサイズで含める会話履歴の数（ユーザーとAIの会話で1セット）を設定することでコストを抑えることができます。また、会話履歴はアプリケーション全体で1つとして保持されるため、異なるLLMノードを利用しても自然な会話を生成することができます。

3-7-6 》 変数集約器ノードと回答ノードの設定

LLMノードの後は3つの出力を1つの変数にするために変数集約器ノードを配置します。

▼図3-91　変数集約器ノード

　こちらは3.5節で学んだ通り、複数のLLMノードの出力を1つの変数にまとめるために利用します。最後に**回答ノード**を設定して出力を表示します。

▼図3-92　回答ノード

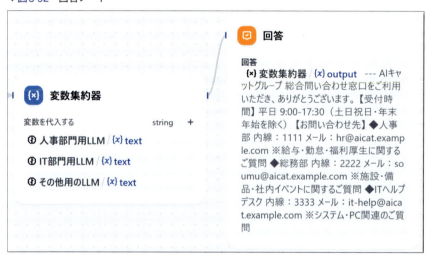

　ワークフローのアプリタイプでは、ユーザーに表示させるノードとして**終了ノード**を利用していましたが、チャットフローでは**回答ノード**を利用します。
　回答ノードでは終了ノードと異なり、変数以外にも**自由に文章を記述する**ことができます。

▼図3-93　回答ノードの設定

そのため、ワークフローで必要だったテンプレートノードによる整形処理を、チャットフローでは回答ノード内で直接行えることが多いです。

回答ノードでは次のような設定を行います。

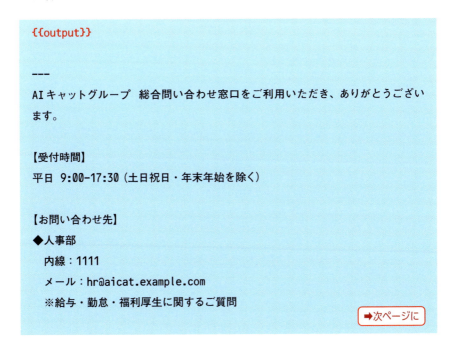

◆総務部
　内線：2222
　メール：soumu@aicat.example.com
　※施設・備品・社内イベントに関するご質問

◆ITヘルプデスク
　内線：3333
　メール：it-help@aicat.example.com
　※システム・PC関連のご質問

{{output}}は変数集約器の出力変数を表しており、その他、連絡先などをテンプレートとして記述しています。

3-7-7 》 アプリケーションの実行と改善のポイント

設定が完了したら公開ボタンを押してアプリケーションを実行します。ワークフローとは異なり、チャット形式で対話的にアプリケーションを利用することができます。

▼図3-94　チャットの実行

人事部門関連の質問に対して、プロンプトで設定した情報に基づいて適切な回答が生成されました。

》 回答ノードの特徴

ワークフローのアプリタイプで利用した終了ノードにはない回答ノードの特徴として、**後続のノードを設定できる**という点があります。つまり、**フローの途中で回答ノードを利用してユーザーに情報を表示させることができます**。

例えば時間がかかる処理の前に回答ノードを配置して進捗状況を表示することができます。

▼図3-95　待機中表示

これにより、処理完了を待つユーザーに状況を伝えることができるでしょう。

▼図3-96　実行例

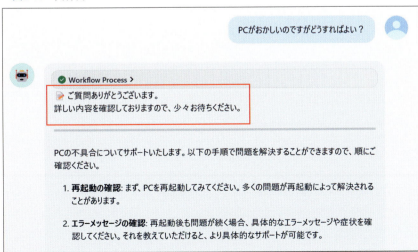

特に長い文書の段階的な要約など、時間のかかる処理が必要なアプリケーションでは、状況を伝えることでユーザー体験が向上するでしょう。

Chapter 4
ファイル処理を行うアプリケーション開発

- 4.1 ファイル処理機能で作るQA自動生成アプリ
- 4.2 チャットフローによるPDF対話アプリの開発
- 4.3 複数の手法で実現するPDF要約アプリの開発
- 4.4 ワークフローを活用した複数ファイルの一括要約
- 4.5 マルチモーダルモデルによる画像処理の基本
- 4.6 音声認識を活用した議事録作成アプリの開発

4.1 ファイル処理機能で作るQA自動生成アプリ

仕事ではPDFなどのファイルを扱う機会が多いのではないでしょうか。Difyでもファイルを処理する機能が充実しており、言語モデルと組み合わせることで実用的なアプリケーションを作ることができます。このChapterでは、ファイルを扱うアプリケーションの開発方法を学んでいきます。

4-1-1 》 QA自動生成アプリの概要

ここではPDFファイルからQA集を自動で作成するアプリケーションの開発を行います。仕事で何らかの資料を作成した際に、想定質問と回答を用意できると安心です。もしくは資料として配布する際に、よくある質問集も一緒に提供できると資料利用者の理解を助けることができるでしょう。言語モデルの力を使うと、資料の内容からQA集を自動で作成することができます。

▼図4-1　QA自動生成アプリの概要

PDF資料　　言語モデル　　QAマニュアル

このアプリケーションでは、ユーザーがアップロードしたPDFファイルの内容を解析し、その文書に関して想定される質問と、適切な回答のセットを任意の数、自動で生成します。

4-1-2 》 アプリケーションの基本設計

今回のアプリケーションは一度の実行で完結するため、ワークフローのアプリタイプを選択します。

4.1 ファイル処理機能で作るQA自動生成アプリ

▼図4-2 ワークフローのアプリタイプを選択し、名前を設定

名前は「自動QAメーカー」とします。
最終的に作成するノード構成は次のようになります。

▼図4-3 アプリ全体のノード構成

ここでは**テキスト抽出ツール**というノードでPDFファイルからテキストを取り出し、その後**LLMノード**で処理を行います。これらの流れを理解することで、テキストファイルの扱い方の基本が学べます。1つずつ理解していきましょう。

4-1-3 》 ファイル入力の設定と変数の定義

まずは開始ノードで必要な変数を定義します。今回のアプリケーションでは、PDFファイルを受け取るため、**ファイルを格納する変数**と、**生成するFAQの数を指定する変数**を作成します。

Chapter 4 ファイル処理を行うアプリケーション開発

▼図4-4　開始ノード

具体的には次の2つの変数を設定します。

- file 変数：PDF ファイルを格納するための変数
- faq_count 変数：生成する FAQ の数を指定するための数値型変数

新しく学ぶのはファイル用の変数の設定方法です。ファイルを扱う変数には、単一ファイルとファイルリストという2つのフィールドタイプがあります。

▼図4-5　ファイル変数設定

それぞれ次のような使い分けとなります。

- 単一ファイル：1つのファイルのみをアップロードする場合に使用
- ファイルリスト：複数のファイル（例：複数の PDF や、PDF と画像の組み合わせなど）をアップロードする場合に使用

今回は1つの PDF ファイルを扱うため、単一ファイルを選択します。

次に扱いたいファイルの種類に応じてファイルタイプを選択します。

▼図4-6　ファイルタイプ選択

ここではPDFファイルを扱うため、「ドキュメント」を指定します。ファイルをアップロードする方法に関しても次のオプションがあります。

- ローカルアップロード：自分のPCからファイルをアップロード
- URLアップロード：インターネット上のファイルのURLを指定してアップロード
- 両方：ローカルアップロードとURLアップロードの両方を許可

特にアップロード方法の制限が必要ない場合は「両方」を選択します。

また、生成するQAの数を指定するfaq_count変数は、次のように数値型として設定します。

▼図4-7　変数の設定

4-1-4 » PDFからのテキスト抽出機能の実装

次にファイルからテキストを抽出する処理を実装します。これを実現するのがテキスト抽出ツールのノードになります。

▼図4-8　テキスト抽出ツール

設定は非常にシンプルで、開始ノードで受け取ったPDFファイル（file変数）を入力として指定するだけです。

▼図4-9　テキスト抽出ツール設定

　これによりファイルから抽出されたテキストがtext変数（テキスト抽出ツールの出力変数）に格納され、後続のLLMノードで処理できる状態となります。

　テキスト抽出ツールの注意点として、**PDFに含まれるテキスト情報のみが取得**されます。PDFによっては画像が埋め込まれていたり、グラフ・図表などの情報が含まれていることがあるかと思いますが、そのような場合はテキスト抽出ツールで処理するのは困難です（表はレイアウトが崩れても言語モデルが解釈できることがあります）。

》 画像を含むPDFを直接処理できるモデル

　Anthropic社が提供するClaudeのモデルには、**画像を含むPDFファイルを直接処理できるもの**があります。このモデルを使うと、画像を含むPDFファイルを処理できるようになります。

　利用方法は簡単でLLMノードの設定でモデルを（claude-3-5-sonnet-20241022またはclaude-3-5-sonnet-20240620）に変更し、**プロンプトにfile変数を直接埋め込みます**。

▼図4-10　ClaudeのPDFモデル

　この場合、テキスト抽出ツールを使用する必要はありません。扱うPDFにテキスト以外の情報が多い場合は、こちらのモデルを試してみるのもよいでしょう。ただし、このモデルは各ページを画像（＋テキスト）として読み込みを行います。そのためテキストだけの処理よりコストが高くなったり、処理可能なページ数に上限もあるため注意が必要です。最新の制限などに関しては、Anthropicのドキュメント[注1]を参照してください。

4-1-5 》 LLMノードの設定とプロンプトの実装

　続いてテキスト抽出ツールで得られたテキストをもとに、QA集を生成するLLMノードを設定します。

▼図4-11　LLMノード

注1　PDF support - Anthropic
　　　https://docs.anthropic.com/en/docs/build-with-claude/pdf-support

次のようなプロンプトを設定して、質問と回答のペアを生成します。

```
あなたは質問回答集を作成する専門家です。

以下のテキストを読んで、想定される質問と回答のペアを{{faq_count}}個生成
してください。

### 制約条件
- 質問は実際に読者から出そうな具体的な内容にすること
- 回答は簡潔で明確であること
- テキストに書かれている内容に基づいて回答すること
- 曖昧な表現は避けること
- 出力形式以外のものは生成しないこと

### テキスト
{{text:テキスト抽出ツールの出力変数}}

### 出力形式
Q1:［質問1］
A1:［回答1］

Q2:［質問2］
A2:［回答2］
…
```

　プロンプトでは「**出力形式以外のものは生成しない**」という制約を設けることで、QA以外の余分な出力を防いでいます。より厳密な出力制御が必要な場合は、3.6節で学んだJSONモードを使用してもよいでしょう。

4-1-6 》 出力形式の整形と表示

　最後に出力を整形して表示します。ワークフローの場合は、テンプレート

ノードを利用して出力を整形します。

▼図4-12　出力表示フロー

テンプレートノードではAIで自動生成したことをユーザーに知らせるために、言語モデルの出力の後に注釈を付け足します。

▼図4-13　テンプレートノード

最後にテンプレートノードの出力を終了ノードで参照するようにして完成です。

▼図4-14　終了ノード

4-1-7 》 アプリケーションの実行とテスト

開発したアプリケーションをテストし、問題なければ公開して実行してみましょう。動作確認用のPDFとしては、お手持ちのPDF（言語モデルに入力しても問題ないもの）を使用するか、GitHubに用意している PetAI Guardian説明書（架空の商品のマニュアル）を利用できます。

▼図4-15　QA自動生成アプリの実行結果

PDFをアップロードして生成したいQAの数を入力して実行すると、PDFの内容をもとに質問と回答のペアが生成されます。質問の質が期待通りでない場合は、プロンプトを調整するとよいでしょう。例えば資料を配る相手のペルソナを設定して、そのペルソナが気になるような質問を生成させるなど、プロンプトの工夫の余地はあるかと思います。

4.2 チャットフローによるPDF対話アプリの開発

続いてチャットフローでファイルを扱うアプリケーションの開発を行います。対話型のアプリケーションでは、ファイルの内容に関してユーザーが自由に質問することができるため、より自由度が高いアプリケーションを作成できます。

4-2-1 》 PDF対話アプリの概要

ここでは**アップロードしたPDFファイルの内容に基づいてチャットができるアプリケーション**を開発します。何らかの資料を参照して仕事を進める機会は多いかと思います。例えば、会社での申請手続きでは社内規約の確認が必要であったり、初めての業務ではマニュアルを参照したりします。そこで特定のPDFに関する質問をした際に、言語モデルがそのPDFの内容を参照して回答してくれるアプリケーションを作成してみましょう。

作成するアプリケーションのイメージは次の通りです。

▼図4-16 PDF対話アプリの概要

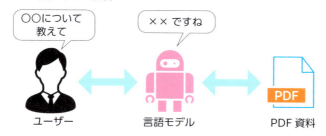

3.7節でも問い合わせ対応を行うチャットボットを作成しましたが、**事前にプロンプトに必要な情報を埋め込む必要**がありました。一方、今回作成するアプリケーションでは、ユーザーが自由にPDFファイルをアップロードして、その内容をもとに質問に回答することができるようになります。

4-2-2 》 アプリケーションの基本設計

対話型のアプリケーションとなるため、チャットフローでアプリケーションを作成します。名前は「PDF Q&A アシスタント」とします。

▼図4-17　チャットフローのアプリタイプを選択し、名前を設定

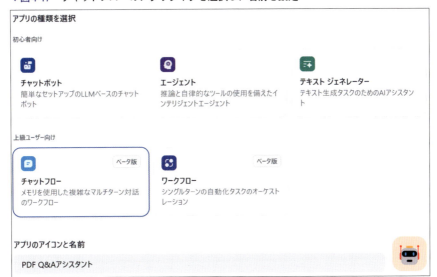

完成時のノード構成は次のようになります。

▼図4-18　アプリ全体のノード構成

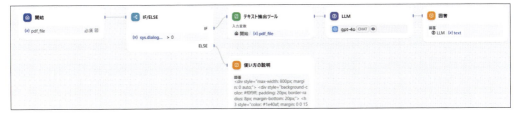

既に学んだノードを組み合わせたシンプルな構成です。ただし、チャットフローでファイルを扱う際は、変数の扱い方や初期画面の設定など、いくつか理解するべきポイントがあるので順番に学んでいきましょう。

4-2-3 ファイル処理のための変数設定

まず開始ノードで、**PDFファイルを格納するための変数**を定義します。チャットフローではデフォルトでノードが配置されていますが、これらは不要のため、削除して進めてください（削除方法が不明な場合は3.7節をご参照ください）。

▼図4-19　開始ノード

ここではpdf_fileという変数を定義しています。定義方法は4.1節と同様です。フィールドタイプを「単一ファイル」、ファイルタイプを「ドキュメント」とします。

▼図4-20　定義設定

チャットフローでは、このように開始ノードで変数を定義した場合、**チャット開始時に**データを入力する画面がユーザーに表示されます。

▼図4-21　アップロード画面

この場合ユーザーはPDFをアップロードしないとチャットを行うことができないため、今回のように**ファイルを必ず必要とするアプリケーション**の場合は、開始ノードで変数を定義します。

》チャットでのファイルアップロード

ファイルを扱う際に混乱しやすいポイントとして、チャットフローでは**チャットの入力欄からも**ファイルをアップロードする機能がある点です。

▼図4-22　チャットフローのアップロード画面

この機能は、開発画面の機能からファイルアップロードを有効にすることで利用できるようになります。

▼図4-23 ファイルアップロードを有効にする

開始ノードでファイル変数を定義するのと、チャット欄からアップロードする場合の違いは次の通りです。

❶ 開始ノードでの変数定義によるアップロードの場合
- 開始時に表示されるアップロード画面を使用
- 定義した変数（この場合はpdf_file）にファイルが格納される
- 1つの会話セッション内でずっとファイルの内容を参照可能

❷ チャット欄からのアップロードの場合
- チャットの入力欄横のアップロードボタンを使用
- システム変数sys.fileに格納される
- 次のチャット入力でファイルをアップロードしないとsys.fileの内容が空となる

つまりチャット欄からファイルをアップロードする場合は、**アップロードしたときのみ**ファイルの内容を参照できます。例えば、PDFをアップロードして何らかの質問を行った後、もう一度質問を行う場合は、再度PDFをアップロードする必要があります。一方、開始ノードでファイルをアップロードした場合は、**1つの会話セッションで継続して**ファイルの内容を参照できます。

この後の節で紹介する**会話変数機能**を利用すれば、チャット欄からアップロードした場合でも内容を保持させることもできますが、より簡単な方法は開始ノードでファイルをアップロードすることです。

今回のアプリケーションでは、一度アップロードしたPDFの内容に対して複数回の質問を行えるようにしたいため、開始ノードで変数の定義を行います。どちらの方法を選ぶかは、アプリケーションの用途に応じて検討しましょう。

4-2-4 » 利用方法の説明文の表示

開始ノードの後に条件分岐を行います。チャットボットの場合、**ユーザーがどのように使ってよいかわからない場合**があります。そのため最初の処理で**アプリケーションの利用方法の説明文**を表示させるようにしてみましょう。

▼図4-24 IF/ELSEノード

会話が初めてかどうかを判定するには、sys.dialogue_countというシステム変数を使用します。この変数は会話の回数をカウントしており、初回は0、2回目は1というように増えていきます。

▼図4-25 条件分岐設定

これを利用して、**最初の会話でのみ**説明を表示するように設定します。

▼図4-26　会話回数に基づく分岐処理

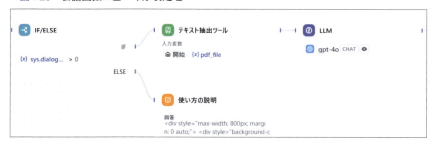

これにより、初めてアプリケーションを使用する人には適切なガイダンス（ELSE：下側の処理）を提供し、2回目以降は通常の対話（IF：上側の処理）を行うことができます。

4-2-5 》 説明文の実装

続いて最初にユーザーへ表示したい**アプリ利用方法の説明文**を回答ノードで設定します。

▼図4-27　回答生成ノードの設定

チャットフローの回答ノードではHTMLを使って見やすい形式で情報を表示できるため、ここでアプリケーションの操作方法や注意事項を視覚的にわかりやすく設定してみます。細かい設定内容はDSLファイルを参照ください。

▼図4-28　アプリ利用方法の説明文

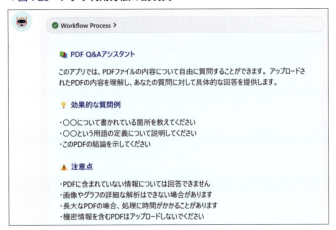

　上記で回答ノードの設定が完了しました。しかし、この説明文を表示させるためには、**ユーザーが何かを入力する必要**があります。ユーザーが何も入力せずにアプリケーションを眺めているだけでは、説明文は表示されません。そこで、アプリケーションを開いた瞬間に表示される「オープナー」機能を使って、最初のアクションを促すメッセージを表示させてみましょう。

》 オープナーによる初期ガイダンス

　オープナーとは、**チャットを開始した際に最初に表示させることができるメッセージ**です。オープナーを設定することで、次のような表示をユーザーに行うことができます。

▼図4-29　オープナー

　上記の「まずはこちらを押して注意事項などを読んでください」ボタンを押すと、最初の会話が始まるため、先ほど設定した説明文が表示されるようになります。

▼図4-30 オープナーの表示

オープナーの設定は、開発画面の機能から会話の開始のオープナーを書くを選択して行います。

▼図4-31 オープナー設定

これにより会話開始時に表示させる文章やボタンを設定できるようになります。

今回は学習目的も兼ねて、オープナーでボタンを設定しボタンクリック時に回答ノードの説明文を表示させる流れとしています。しかし、ユーザーが必ずボタンを押す保証はないため、先ほど回答ノードで設定した文章を**オープナーに設定**しても問題ありません。

4.2 チャットフローによるPDF対話アプリの開発

▼図4-32 オープナー設定2

もしくはオープナーで設定した文章をもとにIF/ELSEノードで条件分岐を行えば、ユーザーが望むときだけ使い方を表示する仕様にもできます。このあたりは作りたいアプリケーションに応じて検討してみましょう。

4-2-6 》 PDFコンテンツの処理設定

続いて2回目以降の処理を開発していきます。まずはPDFからテキストを抽出します。

▼図4-33 テキスト抽出ツール

テキスト抽出ツールを配置して、先ほど定義したpdf_file変数を入力変数とします。これによりPDFのテキスト情報を抽出し、後続のLLMノードで利用できるようになります。

4-2-7 》 回答生成の実装

次に抽出したテキストと、ユーザーの入力を言語モデルに入力して回答を生

成します。

▼図4-34　LLMノードと回答ノードの配置

言語モデルはPDFの内容をもとに質問に答える必要があるため、次のようにプロンプトにPDFのテキスト情報を設定します。

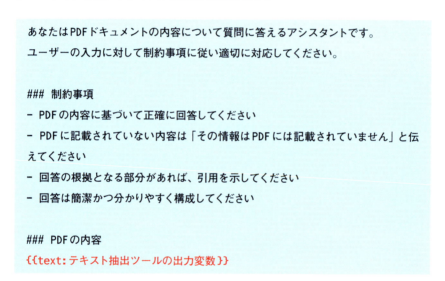

最後に回答ノードでLLMノードの出力を参照するように設定し、生成された回答をユーザーに表示します。

▼図4-35　回答ノードの設定

以上でPDFの内容をもとにチャットができるアプリケーションの完成です。

4-2-8 ≫ アプリケーションの実行とテスト

開発したアプリケーションを実際に試してみましょう。テスト用のPDFとして、前節で使用したPetAI Guardian説明書.pdfをアップロードします。もちろん他のPDFでも構いません。

▼図4-36　アプリ実行

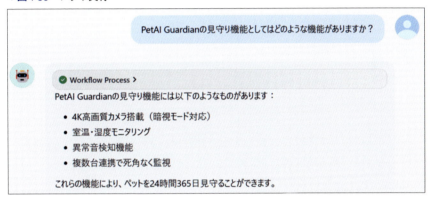

質問をしてみると上記のように、PDFの内容を参照して回答が生成されています。製品マニュアルや社内規程など、長文のドキュメントを扱う業務で活用できるでしょう。

ただし、この実装方法には注意点があります。PDFの内容をすべて言語モデルのプロンプトに含めているため、高い精度で回答を得られる一方で、**コストが高くなってしまいます**。また入力するテキストの量が多い場合、言語モデルの入力制限を超えてしまい**そもそも処理ができないケース**も出てきます。このような課題に対しては、次Chapterで紹介するRAG技術を活用することで、精度をある程度保ちながら、コストを抑えたチャットアプリを作成可能です。

≫ プロンプトのテクニック

PDFの内容を参照して回答を生成する際、文書が長くなるほど言語モデルの回答精度が落ちることがあります。そのような場合、「**引用元を提示してから**

回答をわかりやすくまとめて」と指示してみましょう。

▼図4-37　引用文を提示

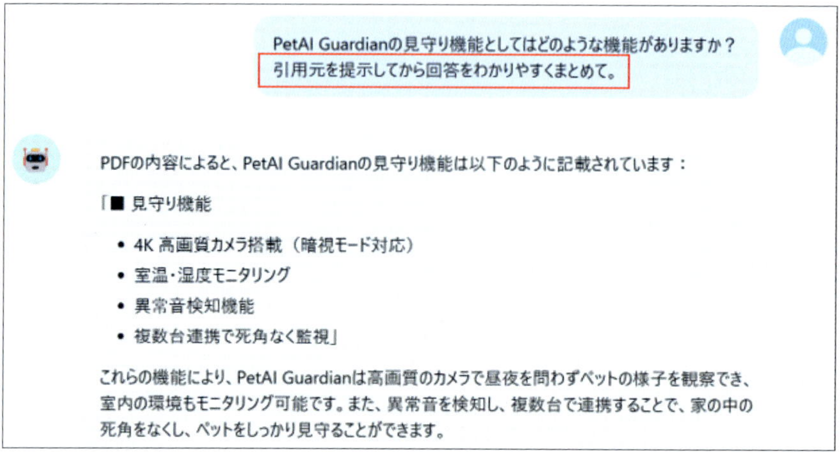

このように指示すると、モデルは元のPDFからの引用を示してから回答を生成するため、誤った回答をしにくくなります。これはClaudeを開発しているAnthropic社から提供されているテクニックで、正確性を重視する場面で筆者もよく利用しています。今回はこの設定がシステムプロンプトに既に組み込まれているので改めて入力する必要性は低いですが、将来的に文書参照機能を持つアプリケーションを開発する際には、ぜひこのテクニックを取り入れてみてください。

4.3 複数の手法で実現するPDF要約アプリの開発

本節では言語モデルの活用としてよくある文章の要約を行うアプリケーションを開発していきます。筆者もよく文章を要約することがあり、その際に利用しているテクニックなども含めて解説していきます。

4-3-1 》 文書要約アプリの概要

ここではアップロードしたPDFの内容を要約してくれるアプリケーションを開発していきます。4.2節で作成したPDFとの対話アプリも便利ですが、「**そもそも質問を考えるのが難しい**」ということがあります。特に専門外の分野では、何を聞いたら理解できるのか見当もつかないことも多いです。そこで言語モデルの力を活用して、文書の内容を素早く理解できる要約アプリを作成してみましょう。

作成するアプリケーションのイメージは、次の通りです。

▼図4-38　文書要約アプリの概要

処理としてはPDFファイルから内容を抽出して、言語モデルに入力することで要約を作成します。単純な処理のため、これまで学習した内容でも十分作成可能です。ただ言語モデルを活用した文章の要約は実用性が高く、またここで作成したアプリケーションは次節でも活用し、さらに機能を充実させていきます。

4-3-2 》 アプリケーションの基本設計

今回は一度の実行で要約を生成するため、ワークフローで実装します。名前は「文書要約アプリ」とします。

▼図4-39　ワークフローのアプリタイプを選択し、名前を設定

全体の構成は次のようになります。

▼図4-40　アプリ全体のノード構成

PDFファイルの受け取りからテキスト抽出、LLMノードによる要約の作成、結果の整形を行います。LLMノードを並列で実行することで処理時間を削減できます。

4.3 複数の手法で実現するPDF要約アプリの開発

4-3-3 》 PDFファイルの取得とテキスト抽出

まず開始ノードで、PDFファイルを受け取るための設定を行います。

▼図4-41　開始ノード

こちらは前節までと同様で単一のファイルを扱うため、fileというの名前の変数をドキュメントのファイルタイプで定義します。

▼図4-42　開始ノード変数の設定

続いてテキスト抽出ツールを設定し、PDFからテキストデータを抽出します。テキスト抽出ツールの入力変数に開始ノードで定義したfile変数を設定します。

▼図4-43　テキスト抽出

4-3-4 》 並列処理による要約処理の実装

2つのLLMノードを利用し、複数の方法で文章の要約を行います。

▼図4-44　LLMノード

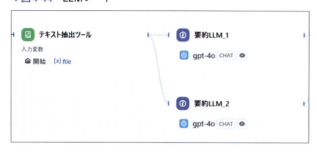

　Difyでは複数のノードを**並列で実行する**ことが可能です。ここではLLMノードを2つ並列で配置しているため、**2つのノードが同時に実行されます**。並列実行を行うとユーザーの待ち時間が少なくなるため、依存関係がないノードの場合は並列処理を検討してみるとよいでしょう。

　それぞれのLLMノードのプロンプトを設定します。1つ目のLLMノードでは**文書の全体像**を把握できるように要点を簡潔にまとめます。

要約LLM_1ノードのプロンプト

```
あなたは優秀な文書要約スペシャリストとして、以下の要件で文書を要約してください。

### 要件
- 要約の長さ：500文字以内
- 文体：簡潔で分かりやすい日本語
- フォーマット：段落分けを適切に行う

### 注意点
- 背景や経緯から結論までの流れを保持
- 重要な議論や検討過程を含める
- 時系列に沿って整理する
```

```
### 要約する文書
{{text:テキスト抽出ツールの出力変数}}
```

2つ目のLLMノードでは**素人と専門家による対話形式の解説**を生成します。

要約LLM_2ノードのプロンプト

```
あなたは経験豊富な専門家と、知識欲旺盛な素人の両方の役割を演じてください。

### 会話の設定
専門家：その分野を完全に理解している
素人：専門外のため基礎知識が無い

### 会話の要件
1. 専門家の説明：
- 専門用語を使用する場合は、必ず素人が理解できるように説明する
- 具体例や身近な例えを活用する
- 説明はわかりやすく簡潔にする

2. 素人の質問：
- 完全に理解するまで質問を続ける
- 専門家の説明で素人がわからない場合は追加で質問する

3. 会話の進行：
- 最初は素人の質問からスタート
- 素人が完全に理解するまで会話を繰り返す
- 最低でも10回以上会話ターンを行う

### 要約する文書
{{text:テキスト抽出ツールの出力変数}}
```

筆者の経験上、LLMが単純に要約した文章を読んでもポイントがイマイチ掴めないことがあります。そのような場合は、**架空の素人を設定して私たちの代わりに質問を考えてもらう**と理解が深まることがあります。素人への説明としているため、専門用語なども理解しやすい形で説明されることが期待できます。

4-3-5 》 要約結果の表示形式の設計

2つの要約結果を見やすく表示するため、テンプレートノードで出力を整形します。

▼図4-45　テンプレートノード

LLMノードを並列で実行していますが、この場合**両方の処理が完了した後**にテンプレートノードが実行されます。

テンプレートノードでは要約した文章の他に、ファイル名も表示させてみましょう。開始ノードで定義したfile変数を参照すると、**ファイルの名前やサイズ情報**を取得できます。ここでは、nameを選択してfile_nameという入力変数に設定します。

▼図4-46　テンプレートノードの設定

1つ目のLLMノードの出力をllm_output_1、2つ目のLLMノードの出力をllm_output_2として、テンプレートノードは次のように設定します。

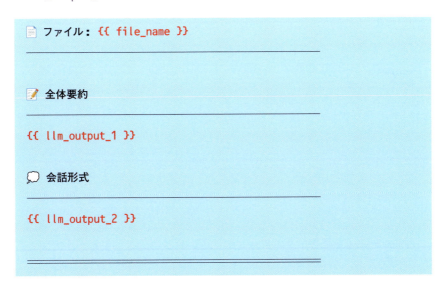

区切り線や絵文字を使うと視覚的にわかりやすくなるでしょう。

最後に、整形した要約結果を表示するための終了ノードを設定します。出力変数をoutputとして、テンプレートノードの出力を設定します。

▼図4-47 終了ノード

4-3-6 》 アプリケーションの実行とテスト

アプリケーションを公開して実行してみましょう（図4-48）。サンプルのPDFファイルとしてPetAI Guardian説明書.pdfを使用しますが、お好きなファイルを利用して構いません。ただし、文字数が多すぎると言語モデルが処理できなかったり、コストがかかってしまうため注意してください。

▼図4-48 実行結果

文書の全体像を把握できる簡単な要約と、対話形式での要約を出力することができました。並列実行しているため、実行時間も比較的短く済みます。より詳しい要約が必要な場合や、対話形式の質問が簡単すぎる場合などは、プロンプトを調整してみるとよいでしょう。

4.4 ワークフローを活用した複数ファイルの一括要約

　Difyにはさまざまなノードがありますが、**作成したワークフローもノードとして利用する**ことができます。つまり、**作成したアプリケーションを別のアプリケーションに組み込む**ことが可能です。4.3節で作成した要約アプリをノードとして別のアプリケーションから利用する方法を学んでいきましょう。

4-4-1 ≫ 複数ファイル要約アプリの概要

　ここでは**複数のファイルを要約するアプリケーション**を開発します。先ほどは1つのファイルのみを要約していましたが、複数ファイルを連続して要約したい場合もあるかと思います。もちろん、先ほどのアプリケーションを複数回実行してもよいですが、時間と手間がかかってしまいます。Difyでは繰り返し処理を行うノードが用意されているため、この機能を活用して複数ファイルを処理する方法を学んでいきましょう。

　アプリケーションのイメージは次の通りです。

▼図4-49　複数文書要約アプリの概要

　繰り返し処理と、4.3節で作成した要約アプリを組み合わせて複数のファイルを要約します。これらの機能を活用できるようになると、**全体のフローをシンプルに保つことができる**ため開発や保守が効率的になります。1つずつ作りながら理解していきましょう。

4-4-2 》 アプリケーションの基本設計

今回は一度の実行で要約を生成するため、ワークフローで実装します。名前は「複数文書要約アプリ」とします。

▼図4-50 ワークフローのアプリタイプを選択し、名前を設定

作成するアプリケーションのノード構成は次のようになります。

▼図4-51 アプリ全体のノード構成

ユーザーがアップロードした複数のファイルを繰り返し処理で要約し、それらを整形して表示します。さまざまな処理が必要なアプリケーションですが、全体としてノード構成がシンプルであることがわかります。これは繰り返し処理と、既に作成したアプリケーションをノードとして組み込んでいるためです。

4-4-3 》 ワークフローツールの基本設定

　まずは4.3節で作成した要約アプリを**他のアプリケーションから利用できるように設定**を行います。他のアプリケーションから利用するには、ワークフローツールとして設定する必要があります。4.3節で開発したアプリケーションを開いて、開発画面右上にある公開するボタンから、ツールとしてのワークフローを選択します。

▼図4-52　ツールとしてのワークフロー

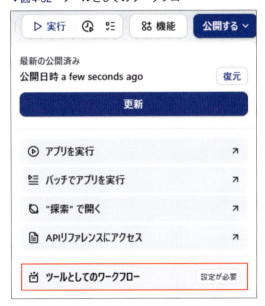

　登録画面が表示されたら、必要な情報を入力します。

▼図4-53　ツールとしてのワークフローの設定

　ツールコールの名前に任意の名前を設定します。その他の項目（説明文など）は、主に言語モデルが自動でツールを呼び出す際に利用される情報です。

　例えばエージェントのアプリタイプでは、ここで設定した情報をもとに言語モデルがこのツールを利用するべきかを判断します。

▼図4-54　ツールコールの説明文

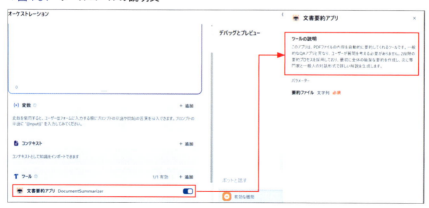

4.4 ワークフローを活用した複数ファイルの一括要約

ただし今回はエージェントのアプリタイプではなく、手動でワークフローに組み込んで利用するため、必須項目のみの入力で問題ありません。DocumentSummarizer という名前を設定し、保存を押すとワークフローがツールとして登録されます。

▼図4-55　ツールとしてのワークフローの登録確認

これで他のアプリケーションからこのワークフローをツールとして呼び出すことができるようになりました。

4-4-4 》 開始ノードの設定

それでは、複数文書要約アプリの開発画面を表示して、登録したツールを利用したアプリケーションの開発を行います。まず今回複数のファイルを受け取れるようにするため、開始ノードでファイルリストのフィールドタイプで変数を定義します。

▼図4-56 ファイルリストのフィールドタイプで変数を定義

変数名はfilesとしています。ファイルリストを選択すると複数のファイルをアップロードすることができるようになります。もちろんこの場合でも、単一のファイルを扱うことは可能です。

▼図4-57 開始ノード

4-4-5 》 イテレーションノードの実装

続いてイテレーションノードの設定を行います。イテレーションノードは、**繰り返し処理を行うためのノード**です。例えば、100件のデータを1件ずつ処理したい場合や、10個のファイルに対して同じ処理を適用したい場合などにイテレーションノードが活用できます。

▼図4-58 イテレーションノード

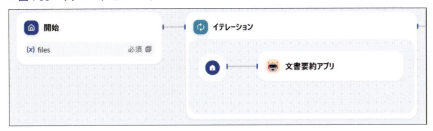

今回は複数のファイルをそれぞれ要約したいので、イテレーションノードを利用します。イテレーションノードでは、**枠内にノードの配置を行う**ことで繰り返したい処理を定義します。

▼図4-59 イテレーションノードの定義

枠内には先ほど登録した要約アプリのツールを配置します。**+ ブロックを追加**をクリックして、ツール→ワークフローをクリックすると、先ほど作成した文書要約アプリが表示されるので選択します。

▼図4-60　文書要約アプリのツール呼び出し

もしツールが表示されない場合は、登録が正しく完了しているか確認してみてください。

次に、イテレーションノードの入力・出力変数を設定します。

▼図4-61　イテレーションノードの入力・出力変数

イテレーションノードでは、入力も出力も**配列**というデータ形式を扱います。配列とは複数のデータをまとめて扱う方法で、例えば数値なら[1, 2, 3]のように同じ種類のデータを並べたものになります。配列はArray[データの種類]という型で表記されるため、例えば数値の配列[1, 2, 3]はArray[Number]、文字列の配列["a", "b", "c"]はArray[String]などと表記されます。今回は複数のPDFファイルをまとめて扱うため、files変数はArray[File]（ファイルの配列）という型の表記となります。

そしてイテレーションノードは、配列の**データの数だけ処理を繰り返します**。例えば、[1, 2, 3]という配列がある場合、この配列のデータの数は3となるため3回処理を行います。

また各回の処理では、**配列の中身が1つずつ**item**という特別な変数として**取り出されます。例えば、イテレーションノードに["a","b", "c"]という配列を入力した場合、

- 1回目：aがitemとして処理
- 2回目：bがitemとして処理
- 3回目：cがitemとして処理

というように、1つずつ順番にitemに格納されて処理が行われます。ここではイテレーションノードにファイルの配列を設定するため、順番にファイルがitemとして処理されます。

▼図4-62　itemを文書要約アプリのツールの入力変数に設定

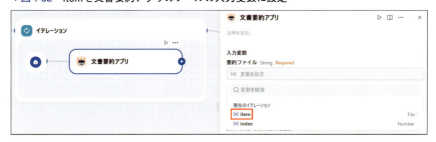

itemを文書要約アプリのツールの入力変数に設定することで、各ファイルが1つずつ要約されるようになります。

イテレーションノードは、出力変数で定義したものが配列として出力されます。例えば今回は文書要約アプリを出力変数として設定しているため、["1回目のアプリ実行結果", "2回目のアプリ実行結果", "3回目のアプリ実行結果"]のような配列がイテレーションノードの出力となります。

4-4-6 》 結果の整形と出力設定

続いてイテレーションノードから出力された要約文章を整えてユーザーに表

示します。

　まずはコードノードを利用してイテレーションノードの出力を扱いやすい形式に変換します。

▼図4-63　コードノード

　イテレーションノードの出力は、次のような配列として出力されます。

["{¥"output¥": ¥"ファイル1が要約された文章¥"}", "{¥"output¥": ¥"ファイル2が要約された文章¥"}", ...]

　ここでのoutputは、前節で作成した要約アプリの**終了ノードで設定した変数名**です。イテレーションノードの枠内で定義した要約アプリが実行され、その結果がoutputをキーとした**JSON形式の文字列**で出力されます。

　JSON形式は文字列だと扱いにくいため、コードノードで変換します。

▼図4-64　コードノードの設定

プログラムが初めての場合は少し難しく感じるかもしれませんが、後続のノードで扱いやすくなるように変換していると理解してもらえればと思います。コードノードの入力変数は、arg1 としてイテレーションノードの出力変数を上記画面のように設定します。

続いてテンプレートノードで整形し、終了ノードで表示します。

▼図4-65　テンプレートノードと終了ノード

テンプレートノードの入力変数として summaries を定義して、コードノードの出力を設定します。コードノードで型を変換しているため、テンプレートコードでは、繰り返し処理を利用して要約した文章のみを取り出すことができます。

▼図4-66　テンプレートノードの設定

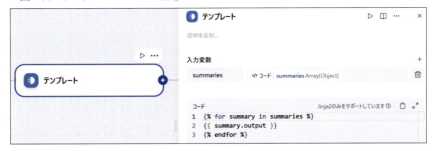

最後にテンプレートノードの出力を終了ノードの output 変数に設定してアプリケーションが完成です。

▼図4-67　終了ノード

4-4-7 》 アプリケーションの実行とテスト

複数のPDFをアップロードして実行してみましょう。PDFは何でもよいですが、長文の場合はコストやAPIの利用制限にかかることがあるため注意してください。

▼図4-68　アプリの実行

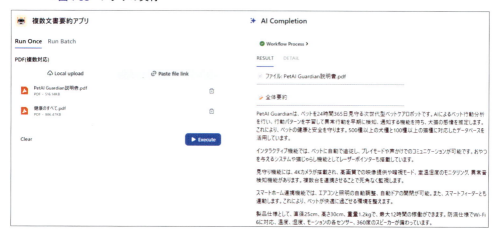

アップロードした複数の文章をそれぞれ要約することができました。

このようにイテレーションノードと、ワークフローをツールとして利用すると複雑な処理でもシンプルに記述することができます。特に共通処理に関してはワークフローとして利用できるようにすると、重複した処理の実装を省略することができるので、ぜひ活用してみてください。

4.5 マルチモーダルモデルによる画像処理の基本

ここまで主に**テキストを扱うアプリケーション**を開発してきましたが、Difyでは**画像や音声データ**も扱うことができます。特に画像データは仕事で扱うことが多く、AIで処理できれば効率化の機会が広まります。基本的な画像を扱うアプリケーションを開発して、Difyでの画像処理の基本を学んでいきましょう。

4-5-1 》画像処理アプリの概要

ここでは、**画像からテキストを抽出するアプリケーション**を開発します。仕事では紙の書類や資料が使われることも多いため、これまで開発してきたアプリケーションを利用するには、まずはこれらをテキストデータに変換する必要があります。LLMノードで利用できる主要なモデルの多くは、テキストと画像の両方を処理できる「マルチモーダル」な機能を持っています。このような複数の形式のデータを扱えるモデルを**大規模マルチモーダルモデル（LMM：Large Multimodal Model）** と呼びます。このLMMを使って、画像からテキストを抽出するアプリケーションを開発していきましょう。

アプリケーションのイメージは次の通りです。

▼図4-69 テキスト抽出アプリの概要

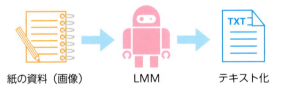

手書きのメモや紙の資料の写真をアップロードすると、その内容をテキストデータに変換します。従来はOCR（光学文字認識）という特別な技術が必要でしたが、最新のLMMを使えばプロンプトを入力するだけで高い精度で画像をテキスト化することができます。

4-5-2 》 アプリケーションの基本設計

一度の実行でテキスト化するため、ワークフローのアプリタイプで作成します。名前は「テキスト抽出アプリ」とします。

▼図4-70 ワークフローのアプリタイプを選択し、名前を設定

最終的なノードの構成は次のようになります。

▼図4-71 アプリ全体のノード構成

画像を処理してユーザーに表示するという非常にシンプルな構成です。画像処理を行うLMMは、LLMノードから使用できます。まずは画像から単純な書き起こしを行うアプリケーションを作成して、後半では特定の情報のみを抽出するようなアプリケーションを作成していきましょう。

4-5-3 》 LMMによる画像処理の実装

まずは開始ノードで画像を格納するための変数を定義します。imageという変数を定義して、ファイルタイプとして画像を選択します。

▼図4-72　開始ノード

次にLLMノードで画像を処理するための設定を行います。

▼図4-73　LLMノード

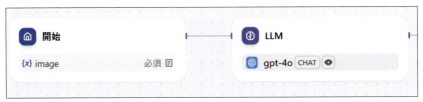

現在さまざまなモデルが画像の入力をサポートしていますが、これまで利用してきたgpt-4oも画像を入力として扱うことができます。ここではgpt-4oを利用しますが、他にもGoogleのGeminiやAnthropicのClaudeといったモデルも画像に対応しています。

LLMノード（gpt-4o）で画像を扱うには、画像が格納された image 変数をユーザープロンプトで参照する必要があります。ユーザープロンプトは LLM ノードの+メッセージを追加から設定できます。

▼図4-74 image 変数の設定

書き起こしのためのプロンプトは次のように設定します。

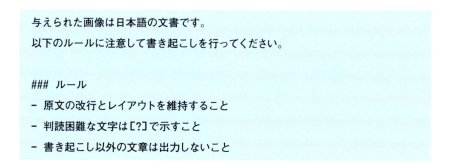

書き起こししたテキストをそのままユーザーに表示するため、LLMノードの出力変数を終了ノードの出力変数として定義します。

4.5 マルチモーダルモデルによる画像処理の基本

▼図4-75 終了ノード

4-5-4 》 アプリケーションの実行とテスト

アプリケーションを公開して実行してみましょう。書き起こしするためのサンプル画像として、図4-76のような提案書と請求書の写真を使用します。

これらはスマートフォンで撮影した一般的な画質のものです。GitHub[注2]にもアップロードしているので、必要に応じて利用してください。

実行すると次のような結果が得られます。

▼図4-76 サンプル画像

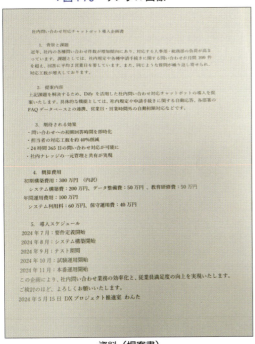

資料（提案書）

請求書

注2　https://github.com/nyanta012/dify-book

▼図4-77　出力結果

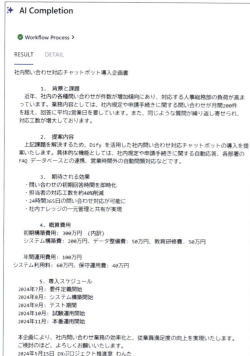

資料（提案書）　　　　　　　　　　　　請求書

　ほぼ正確にテキスト化できています。このようにテキスト化ができれば、言語モデルへの入力が可能になります。そうすることで、例えば画像から要約や翻訳を行うようなアプリケーションも自由に開発することができます。

4-5-5 》 特定情報の抽出機能の実装

　画像を扱う場合は**一部の情報だけが必要なケース**も多いでしょう。例えば、紙の請求書から請求金額や取引先名といった特定の項目だけを抽出したい場合などがあるかと思います。
　このような場合は、プロンプトを変更するだけで必要な情報のみを抽出できます。次のようなプロンプトを使用してみましょう。

4.5 マルチモーダルモデルによる画像処理の基本

```
与えられた画像は請求書です。以下の情報のみを抽出してJSON形式で出力してく
ださい。それ以外の出力は不要です。

### 事前情報
私は株式会社AIキャットの社員です。取引先名を抽出する際はそれを踏まえてくだ
さい。

### 必要な情報
- 請求番号
- 取引先名
- 請求金額（税込）
- 支払期限

### 出力フォーマット
不明な場合は適当な値を出力せず不明と出力してください。
{
    "請求番号": "",
    "取引先名": "",
    "請求金額": "",
    "支払期限": ""
}
```

　請求書にはこちらの会社名が記載されていることがあるため、事前情報を記載して誤った抽出を防ぎます。また抽出した情報を扱いやすいように、JSONモードで出力を行います。JSONモードは3.6節で学んだ出力形式の制御方法です。

　画像ファイルの変数は先ほどと同じくユーザープロンプトに設定します。

▼図4-78　ユーザープロンプトの設定

LLM
説明を追加...
不明な場合は適当な値を出力せず不明と出力してください。
{
"請求番号": "",
"取引先名": "",
"請求金額": "",
"支払期限": ""
}
USER
画像
開始 (x) image
32
LLM
gpt-4o CHAT

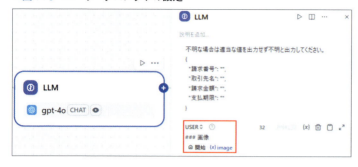

このプロンプトで先ほどの請求書を処理すると、次のような抽出結果が得られます。

▼図4-79　JSONモードでの出力結果

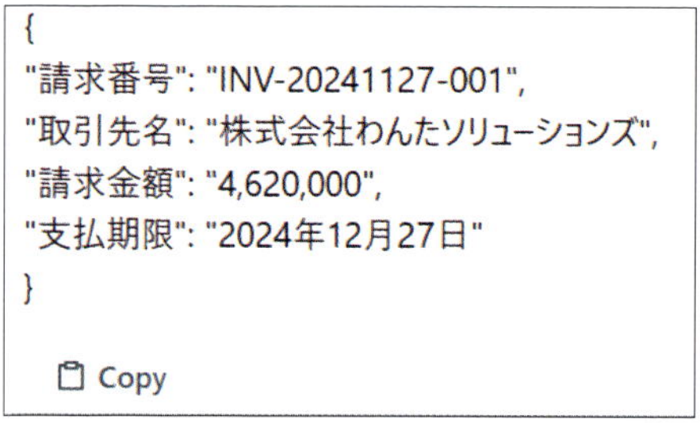

{
"請求番号": "INV-20241127-001",
"取引先名": "株式会社わんたソリューションズ",
"請求金額": "4,620,000",
"支払期限": "2024年12月27日"
}
Copy

画像から指定した情報を抽出できており、支払い期限も受領後1カ月としていたので、現在の日付を参照して期限を計算してくれています。このようにLMMを使えば、プロンプトに応じて柔軟に情報を取得できます。

ただし、画像とテキストを同時に処理するのは、やや難易度が上がるため上手くいかないケースも多い印象があります。そもそもタスクとして実現が困難な場合もありますが、精度が出ないときはプロンプトを調整したりモデルを変更してみるなどしてみるとよいでしょう。筆者の経験上、Claudeのモデルの画像読み取り精度が高い印象があります。

4.5 マルチモーダルモデルによる画像処理の基本

4-5-6 » LMMで画像を扱う際の制限事項

OpenAIの公式ドキュメントに[注3]画像を扱う際の制限が記載されており、それらをまとめると次のようになります。

▼表4-1 画像を扱う際の制限（OpenAIの公式ドキュメントより）

制限の種類	具体的な制限
文字認識	・日本語や韓国語など非ラテンアルファベットの文字は最適なパフォーマンスが出ない可能性がある ・小さな文字は認識が困難な場合がある
画像の状態	・回転した/上下逆さまのテキストや画像は誤認識の可能性がある ・パノラマ画像や魚眼画像は処理が困難な場合がある ・元のファイル名やメタデータは処理されない
図表の理解	・色や実線・破線・点線などのスタイルが異なるグラフやテキストは理解が困難な場合がある ・正確な空間的位置特定が必要なタスクは困難な場合がある（チェス盤の位置など）
専門画像	・CTスキャンなどの医療画像の解釈には適していない ・医療アドバイスには使用すべきでない ・CAPTCHAの解読は安全性の理由でブロックされている
数値処理	・画像内のオブジェクトの数は概算となる可能性がある ・特定のシナリオで不正確な説明やキャプションを生成する可能性がある

精度が期待通りでない場合はこれらの制限を踏まえた上で、プロンプトなどの調整を行う必要があります。例えば、処理したい画像が回転していたり上下逆さまなのであれば、モデルに入力する前の撮影方法などを工夫するのが先となるでしょう。

4-5-7 » 画像処理のコスト

画像処理のコストは**画像のサイズ**と**解像度モード**によって決まります。

- **低解像度モード**（detail：low）では、**画像サイズに関係なく固定で85トークン**です。
- **高解像度モード**（detail：high）では、**画像サイズが大きくなるほどコストも増**

注3　https://platform.openai.com/docs/guides/images

加します。具体的には、まず画像を2048×2048以内に収め、短辺を768ピクセルにリサイズした後、512ピクセル四方のタイルに分割し、タイル数×170トークン＋85トークンで計算されます。

本節で作成したアプリケーションでは、ユーザープロンプトで画像ファイルを参照しているため、現在の仕様では**自動的に高解像度モードで処理されています**。低解像度モードで処理するには、LLMノードのビジョン設定をONにして「低い」を選択します。

▼図4-80　低解像モード

ビジョン欄でファイル変数を指定することで画像を入力として設定できます。この場合、ユーザープロンプトでのimage変数は不要となります（自動的にユーザープロンプトとして処理されます）。大量の画像を処理する場合は、コストと精度のバランスを考慮しながら設定を調整してください。

4.6 音声認識を活用した議事録作成アプリの開発

本節では音声データを活用したアプリ開発の基本を学びます。Difyでは音声データも処理できるため、言語モデルと組み合わせることによりさまざまなアプリケーションを開発できます。

4-6-1 » 音声処理アプリの概要

ここでは音声データをもとにした**議事録作成やチャットができるアプリケーション**を作成していきます。音声データの活用として、議事録作成はニーズが高いかと思います。音声をテキスト化できれば言語モデルに入力できるため、議事録を作成するアプリケーションやQAアプリなど、さまざまなものが開発できます。

今回作成するアプリケーションのイメージは次の通りです。

▼図4-81　議事録アシスタントアプリの概要

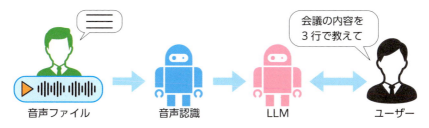

処理の流れとしては、音声認識AIを用いて音声ファイルから文字起こしを行い、その内容を言語モデルに入力することで議事録を作成したり、音声データの内容に基づいたチャットを行ったりできるようにします。

4-6-2 » アプリケーションの基本設計

今回はユーザーが繰り返し会議の内容について質問できるように、チャットフローで実装します。名前は「議事録アシスタントアプリ」とします。

▼図4-82　チャットフローのアプリタイプを選択し、名前を設定

ノードの構成は次の通りです。

▼図4-83　アプリ全体のノード構成

　初回の会話とそれ以降の会話で処理を分岐させます。初回の会話で音声から文字起こしを行い、その内容に基づいて議事録を作成します。2回目以降の会話では、文字起こしした内容を利用してチャットが行えるようにしています。1つずつ理解していきましょう。

4-6-3 》 開始ノードと条件分岐の設定

　まず開始ノードと、会話の回数による条件分岐の設定を行います。デフォルトで設置されているノードは削除して構いません。削除方法が不明な場合は3.7節をご参照ください。

▼図4-84　開始ノードと条件分岐

　ユーザーから音声ファイルを1つだけ受け取れるようにするために、フィールドタイプを**単一ファイル**としてaudio変数を定義します。

▼図4-85　開始ノード

　続いてsys.dialog_countを使用して会話の回数に基づいて分岐を行います。sys.dialog_countは既に学びましたが、**0から会話の回数をカウントする変数**で、1回目のチャットでは0が入り、2回目のチャットでは1が自動的に入ります。

▼図4-86 条件分岐

これにより1回目のチャットでは上側（IF）が、2回目のチャットでは下側（ELSE）の処理が実行されるようになります。

4-6-4 》音声認識による文字起こしの実装

1回目のチャットで行う文字起こし処理を実装します。

▼図4-87 文字起こしノード処理

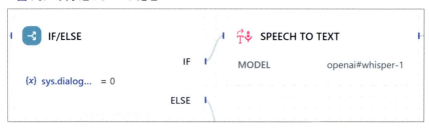

音声ファイルの処理にはSPEECH TO TEXTというノードを使用します。これはDifyに標準で搭載されているツールの1つで、**音声ファイルから文字起こし**を行います。ノードを追加する際に、ツールを選択してSpeech To Textを選択します。

▼図4-88　SPEECH TO TEXTノードの作成

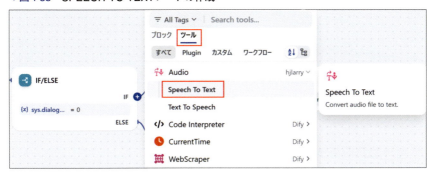

SPEECH TO TEXTノードでは文字起こししたい音声ファイル（audio）を入力変数として設定する他、文字起こしを行うAIモデルを選択します。

▼図4-89　SPEECH TO TEXTノードの設定

AIのモデルとしてはwhisper-1を選択します。WhisperはOpenAIが開発した**音声認識に特化したモデル**で、日本語も高い精度で文字起こしすることができます。

Whisperが選択できない場合は、モデルプロバイダーの設定を確認してください。設定画面のモデルプロバイダーから、OpenAIのWhisperがONになっているかを確認します。

▼図4-90　whisperの設定

》 音声認識モデルの選択と特徴

gpt-4o-audio-previewのようなマルチモーダルなモデルを利用することで、音声データを直接処理することもできます。

▼図4-91　gpt-4o-audio-previewの選択

　これらのマルチモーダルなモデルは最先端で高機能ですが、今回のような単純な文字起こしを行うにはwhisperで十分です。特にマルチモーダルなモデルは、コストの面で負担が大きくなります。

　一方で、Whisperを使う場合は、文字起こししてから言語モデルを利用する流れになるため、処理に時間がかかります。音声ファイルが頻繁に変わったり、返答速度がより重視されるようなケースでは、gpt-4o-audio-previewのようなマルチモーダルなモデルを利用するのもよいかもしれません。

　今回は固定の音声ファイルを用いて、一度文字起こしを行えばよいだけなのでwhisperが適しています。

4-6-5 》 会話データの保持と再利用の実装

次に文字起こししたテキストを一時的に保存する機能を実装します。

▼図4-92　変数代入フロー

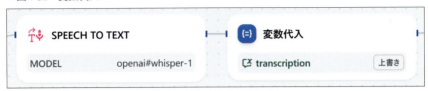

2回目以降のチャットでは、既に文字起こしした結果を再利用する必要があります。会話変数と変数代入ノードを利用することで、一時的に情報を保存することができます。

チャットフローでは言語モデル（LLMノード）で過去の会話履歴に基づいた返答を行うことができます。しかし、それ以外のノードでは過去の会話を参照することができません。会話変数と変数代入ノードを使えば、データを保存することができるため、過去の会話や処理内容を参照することができます。

会話変数は右上の吹き出しマークから変数を追加を選択し、次のように設定します。

▼図4-93 会話変数

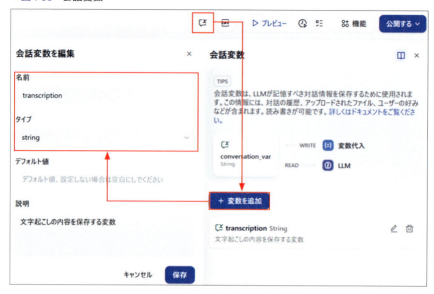

　ここでtranscriptionという名前の変数をstringタイプで作成します。このtranscriptionという変数は1つの会話セッションで共通して使える変数です。そのため1度文字起こしした内容を格納することで、2回目以降のチャットでも参照することができます。

　次に変数代入ノードを設定します。

▼図4-94 変数代入ノード

　変数代入ノードは、**変数に値を格納するノード**です。先ほど作成した会話変

数transcriptionに、文字起こししたテキスト（SPEECH TO TEXTの出力）を格納します。変数に書き込む際のモードを選択することができ、今回は上書きと設定します。

複数の値を保存したい場合などは、会話変数をarrayにして、追記モードで管理することも可能です。

4-6-6 » 議事録を作成するLLMの設定

続いて文字起こししたテキストを利用して議事録を作成します。

▼図4-95　議事録LLM

議事録作成のプロンプトは次の通りです（一部省略）。

> あなたは議事録作成のエキスパートです。文字起こしデータから、簡潔でわかりやすい議事録を作成してください。また、不明確な点や補足が必要な情報がある場合は、その旨を議事録に明記してください。
>
> ### 文字起こしデータ
> {{SPEECH TO TEXTの出力変数}}
>
> ### 議事録作成の基本方針
> - 客観的な事実を正確に記録
> - 重要な決定事項や合意事項を明確に記載（**太字**で強調）
> - 冗長な表現や余分な情報は省略し、要点を簡潔に記載
>
> （以下省略）

詳細なプロンプトは長くなるためGitHubで公開しているDSLファイル[注4]を参照してください。SPEECH TO TEXTで出力した文字起こしをプロンプトに設定しているので、音声データに基づいた議事録を作成することができます。

最後に作成した議事録や、この後どのような入力を行えばよいのかを回答ノードで提示します。

▼図4-96　回答ノード

これで1回目の処理の実装が完了しました。

4-6-7 》 アプリケーション起動時の案内設定

アプリケーションを起動したときのガイダンスとして、初期メッセージを設定しておきます。

▼図4-97　開始文設定

注4　https://github.com/nyanta012/dify-book

右上の機能から会話の開始を選択し、オープナーを書くをクリックして初期メッセージを入力します。これにより、アプリ起動時に次のようなメッセージが表示されます。

▼図4-98　会話の開始文

4-6-8 ≫ 質問応答機能の実装

　続いて2回目以降の会話での処理を実装します。2回目以降では音声の内容をもとにチャットができる処理を実装します。

▼図4-99　チャット

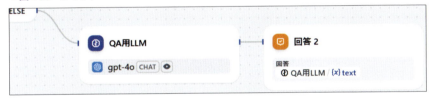

　LLMノードを作成して次のようなプロンプトを設定します。

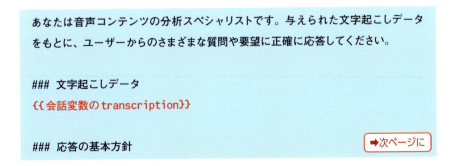

- 常に文字起こしの内容に基づいて回答すること
- 推測や外部知識による補完は避けること
- 要約や抽出を行う際は、重要度や関連性を考慮すること
- 明確な根拠（発言内容の引用など）を含めること
- 必要に応じて、どの部分の発言かを明示すること

文字起こしした内容を格納したtranscriptionの会話変数を参照することで、音声データの内容をもとに返答を生成できます。

上記の設定で自由な会話が行える一方で、文字起こしした内容がすべて入力されるため**コストが高くなる点**には注意が必要です。低いコストで言語モデルに情報を参照させてチャットを行いたい場合は、Chapter 5で紹介するRAGの技術の利用を検討するとよいでしょう。

最後に回答ノードで言語モデルの出力を表示するようにします。

▼図4-100　回答ノードの設定

4-6-9 》 アプリケーションの実行とテスト

アプリケーションを実行して動作を確認しましょう。まず音声ファイルをアップロードし、議事録を作成します。

▼図4-101　議事録作成

📅 開催概要

- 会議名：日本の24時間における統計トーク
- 開催日時：不明 ※録音内容には具体的な日時が含まれていません
- 開催形式：トークショー
- 参加者：ホストにゃんたさん、特別ゲストワンタさん（統計のエキスパート）
- 司会者：にゃんたさん
- 書記：不明

📋 議題一覧

1. 日本の人口動態
2. 日本人の結婚と離婚の状況
3. 日本人の健康習慣
4. 労働と介護のバランス

議事録が作成できたら、必要に応じて質問をしてみましょう。

▼図4-102　音声データの内容に基づいたチャット

重要なポイントを箇条書きで教えて

以下が文字起こしデータからの重要なポイントです：

- 日本では毎日約2,000人の赤ちゃんが生まれ、約4,300人が亡くなっているため、人口は毎日約2,300人減少している。
- 毎日約1,300組のカップルが結婚する一方で、500組以上が離婚している。
- 平均的な日本人は毎日約280グラムの野菜を摂取し、男性は約6,800歩、女性は約5,800歩歩く。
- 健康維持には1日350グラムの野菜摂取と1万歩の歩行が推奨されているため、まだ改善の余地がある。
- 毎日約12,500人が新たに仕事探しを始め、15歳以上の人は平均して1日37分を介護や看護に費やしている。

これらのポイントは、統計のエキスパートであるワンタさんが提供した情報に基づいています。

音声の内容に基づいた回答を生成してくれます。

　以上が議事録アシスタントアプリの作成方法です。注意点として、Whisperのモデルを利用する場合もOpenAIのサーバーにデータが送られるため、入力

しても問題ない音声データなのかを確認する必要があります。また音声文字起こしには現在 0.006 ドル／分程度のコスト（本稿執筆時点で 10 分で 9 円程度）がかかる点もご注意ください。

Chapter 5

Difyで実現する RAGアプリケーション開発

- **5-1** RAGによるビジネス課題の解決
- **5-2** はじめてのRAGアプリケーション開発
- **5-3** RAGシステムの仕組みと検索技術の基礎
- **5-4** 複数の業務文書を活用したRAGアプリケーションの実践
- **5-5** 文脈を考慮したRAG検索システムの実装
- **5-6** RAGシステムの現状の限界

5.1 RAGによるビジネス課題の解決

≫ なぜRAGが注目されているのか

企業の多くが抱える課題の1つに「社内の情報活用」があります。業務マニュアル、提案書、報告書などの大量の文書が日々蓄積されています。これらの情報を必要なときにすばやく取り出し、活用することは容易ではありません。

生成AIの登場により、この課題を解決できるのではないかと期待が高まっています。ただし、言語モデル単体での利用には重要な制約があります。それは「学習したデータ以外の情報を知らない」という点です。例えば、最新のニュースや各企業の固有情報など、言語モデルが学習していない内容については答えることができません[注1]。

▼図5-1 学習していないと答えられない

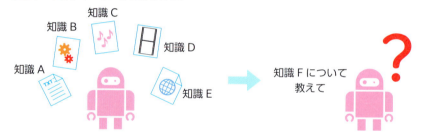

これまで本書で作成してきたアプリケーションでは、PDFや画像をアップロードして、**すべての内容をプロンプトに入れる**ことで、この制約に対処してきました。しかし、この方法にはいくつかの問題があります。まず、ユーザーが毎回必要な文書をアップロードする作業は煩雑で、特に**大量の文書を扱う場合**には現実的ではありません。さらに、文書全体をプロンプトに入れる必要があるため、**コストが増大**してしまいます。加えて、言語モデルの入力トークン数制限により、**長い文書を一度に処理できない**という技術的な制約もあります。

注1 最近の言語モデルを利用したサービスでは最新のニュースについて回答できるものがありますが、これはウェブ検索の結果を取得して利用しているものです。

そこで注目を集めているのが**RAG**（Retrieval-Augmented Generation：**検索拡張生成**）という技術です。RAGでは、文書をあらかじめシステムに登録しておき、**ユーザーの質問に関連する部分だけを選択的に利用します**。これにより、長い文書でも効率的に処理することが可能になります。さらに、必要な部分のみを参照するため、コスト効率も向上します。こうした総合的なメリットから、多くの企業がRAGの活用に取り組んでいます。

》 RAGの具体的な活用シーン

RAGはさまざまな場面で活用できます。例えば、次のようなケースがあります。

- **ヘルプデスクのQA対応への活用**
  顧客や社内の別部門からの問い合わせに対して、**社内マニュアルやFAQ**を参照しながら回答する業務には、RAGが最適です。例えば、社内で整備済みのFAQがあれば、それをデータソースとしてRAGをすぐに導入できます。
- **社内文書や論文の調査への適用**
  社内の提案書や報告書、技術文書など、大量の文書から情報を探し出す業務でもRAGを活用できます。例えば、「過去の類似案件の対応方法」や「製品仕様の詳細」を調査する際、RAGを使うことで必要な情報を素早く見つけ出せる可能性があります。
- **最新情報の効率的な収集と分析**
  業界や技術の動向調査など、ウェブ上の最新情報を収集する目的でもRAGを活用できます。例えば、これまではGoogle検索などで複数のページを開いて内容を確認し、必要な情報を手作業で抽出・整理する必要がありました。RAGを活用すれば、検索結果から自動的に関連情報を抽出し、要点を整理してまとめることができます。ウェブ検索ツールとRAGを連携させる具体的な実装方法については6.2節で詳しく解説しています。

このように、RAGは「特定の文書や情報を参照しながら回答を生成する必要がある業務」で活用できます。特に既存の業務で「参考資料を確認しながら」「調べながら」といった作業が含まれている場合、RAGの活用を検討してみる価値があるでしょう。

Chapter 5 Difyで実現するRAGアプリケーション開発

》 RAGの基本的な仕組み

日本語で検索拡張生成と聞くと難しく感じますが、実際にやっていることはシンプルです。RAGでは言語モデルに**事前に与えた文書を参照させて**、回答を生成させています。

例えば、皆さんが知らないことについて質問されて、すぐに答える必要がある場合どうするでしょうか。おそらく参照資料を探したり、Googleなどで検索をしたりして、その情報をもとに答えるかと思います。RAGも同じような仕組みで動いています。

具体的には、RAGは「情報の検索」と「その情報を使った回答の生成」という2つのステップで構成されています。

▼図5-2 RAGのフロー

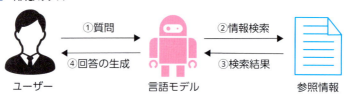

ユーザーが質問をすると、まずその質問内容に関連する情報を検索します。そして、検索で得られた情報を言語モデルに渡して回答を生成するという流れとなります。

ここで重要なのは、**参照情報のすべてではなく、質問に関連する一部分だけを利用する**という点です。

▼図5-3 RAGのプロンプト

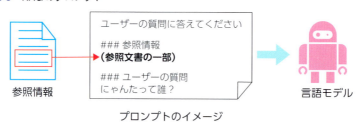

プロンプトのイメージ

上図のように、RAGでは事前に用意した文書の中から**質問に関連する部分**

だけを抽出し、プロンプトに埋め込んで言語モデルに渡しています。このように必要な情報だけを利用することで、コストを抑えながら長い文書に効率的に対応できます。

以上がRAGの仕組みの全体像となります。ここまでRAGの基本的な概念を説明しましたが、実際のアプリケーション開発にはさらに詳細な知識が必要です。この後の節でより具体的な仕組みを学んでいきましょう。

≫ RAGを実現する技術要素

RAGの基本的な考え方はシンプルですが、実際のシステムを構築するには**複数の技術要素を適切に組み合わせる必要があります**。主な技術要素としては次のようなものがあります。

- 文章の意味を数値化する埋め込みモデル（Embedding Model）
- 回答を生成する文章生成モデル（LLM）
- 関連情報を見つけ出す検索アルゴリズム（Semantic Search, Keyword Search, Reranking）
- 文書の管理と前処理の仕組み（Chunksize, Q&Aの用意）

これらの技術要素を一から実装するには専門知識と開発工数が必要となります。社内にエンジニアチームや技術部門を持つ一部の企業では独自の実装も可能かもしれませんが、多くの組織にとってRAGの実装は簡単に取り組める課題ではありません。

Difyを使うことで、このような技術的な障壁を解消できます。Difyではプログラムを書くことなく、わずか数分でRAGの仕組みを構築することができます。これにより、業務担当者自身がRAGを活用したアプリケーションを素早く構築できるようになり、すぐに業務課題に対応したシステムの試作・検証が可能になります。

次節から、実際にDifyを使ってRAGを実現する方法を学んでいきます。ぜひ手を動かしながら、DifyではRAGがとても簡単に実現できるということを体感していただければと思います。

5.2 はじめてのRAGアプリケーション開発

Dify上でRAGを実現するには、まず**ナレッジの登録**を行う必要があります。ナレッジ登録というのは、RAGで参照させる文書の前処理を行い、検索可能な形式でシステムに保存する作業のことを指しています。

▼図5-4 ナレッジ登録のイメージ

RAGでは、ユーザーの入力と関連する文書を検索して、その内容をプロンプトに埋め込んで回答を生成します。ナレッジ登録は、文書を小さな単位に分けて、検索が可能な状態にする準備作業です。このプロセスによって、大量の文書の中から関連性の高い情報を素早く取り出すことが可能になります。

ここでは、PDFファイルを登録して、その内容に関連した質問を行うアプリを作成してみましょう。

5-2-1 》 ナレッジベースの作成と設定

》 文書のアップロード

Difyのナレッジのページから、ナレッジを作成を押して文書を登録します。ナレッジというのは「知識」という意味で、ここでは**RAGで参照するために前処理した文書**のことを指しています。

5.2 はじめてのRAGアプリケーション開発

▼図5-5 ナレッジの作成

その後、ファイルのアップロード画面が出るので、登録したい文書をアップロードします。

▼図5-6 文書登録

ここでは、言語モデルで作成した健康のすべて.pdfというPDFファイルを使用します。皆さんのお手持ちの文書があればそちらを使用していただいて構いません。何もない場合は、GitHub[注2]からダウンロードしてください。

文書をアップロードして次へを押します。本書執筆時点では、15MBまでのファイルをアップロード可能で、PDF以外にも、表示されている拡張子に対応しています。また、Notionやウェブサイトからナレッジを作成することも可能です。

注2 https://github.com/nyanta012/dify-book

» テキスト前処理の設定

続いて前処理の設定を行います。まずは、チャンクと呼ばれる**文書の分割単位の設定**を行います。詳しい説明は後ほど行うため、ここではデフォルトで選択されている汎用で進めます。

▼図5-7　汎用を選択

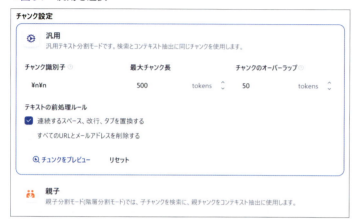

続いて、インデックス方法はデフォルトの高品質とします。また埋め込みモデルは、OpenAIのtext-embedding-3-largeを選択します。

▼図5-8　インデックスとモデルの選択

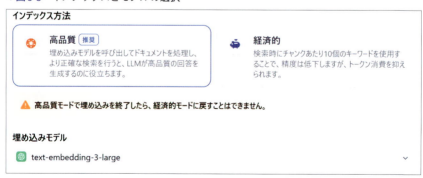

最後に検索設定はベクトル検索とし、保存して処理を押します。

▼図5-9　検索設定の選択

設定した条件での前処理が開始され、しばらくするとナレッジの作成が完了します。

▼図5-10　ナレッジ作成中の画面

前処理実行中に異なる画面に遷移することもできますが、その場合は前処理のステータスが利用可能になっていることを確認してください。

▼図5-11　利用可能状態の確認

エラーが出ている場合や前処理中の場合は、**文書の検索が行えない**ので注意してください。

5-2-2 》 チャットフローによるRAGの実装

》 アプリケーションの基本設計

続いてRAGを利用したアプリケーションを作成していきます。RAGは多くの場合、文書を参照して対話形式で回答を生成する用途で使われています。そのため、対話型アプリケーションであるチャットフローで作成します。名前は「健康ガイドAI」とします。

▼図5-12　アプリタイプの選択

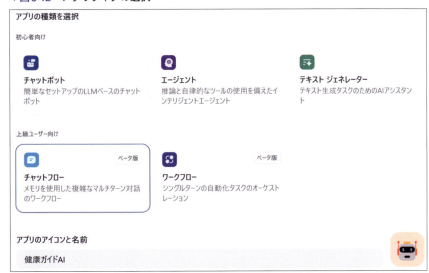

デフォルトで設置されているノードは削除してください。削除方法がわからない場合は、3.7節を参照してください。

全体のアプリのフローは次の通りです。

▼図5-13　アプリ全体のノード構成

RAGで文書を参照させるには知識取得ノードを利用します。チャットフローでは、デフォルトでユーザーの入力がsys.queryという変数に格納されているため、開始ノードの設定は不要です。

》　知識取得ノードの設定

開始ノードの後に知識取得ノードを追加します。

▼図5-14　知識取得ノードの追加

　知識取得ノードは、ユーザーの入力をもとに、**設定したナレッジから関連する文書を検索する**ことができます。イメージとしては、ユーザーが「健康と運動の関係について教えて」と入力したときに、ナレッジから「健康と運動の関係について書かれた文章」を抽出してくるというものです。

▼図5-15　知識取得ノードの設定

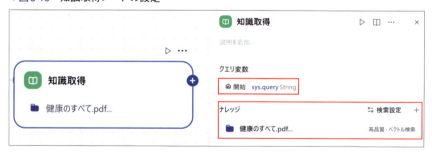

　知識取得ノードでは、クエリ変数の設定とナレッジの選択が行えます。クエリ変数というのは、**関連文書を検索する際に利用する手がかり**のようなものです。ここではユーザーの入力をもとに検索を行うためsys.queryを設定します。ナレッジは、先ほど設定した健康のすべて.pdfを選択します。これで、ユーザー

の入力を手がかりとして健康のすべて.pdfから関連情報が検索・抽出されるようになります。

》LLMノードの設定とプロンプト作成

次に知識取得ノードで抽出した文書の一部を、LLMノードのプロンプトに埋め込んで回答を生成させる処理を設定します。

▼図5-16　知識取得ノードとLLMノード

LLMノードで設定するプロンプトは次の通りです。

```
あなたは親切で正確なアシスタントです。
与えられた文脈に基づいて質問に回答してください。

### 制約条件
- 必ず文脈の情報のみを使用して回答すること
- 文脈に含まれない情報については「文脈に情報がありません」と伝えること
- 推測や一般的な知識での補完は行わないこと

### 文脈
{{context}}
```

重要な点としては、知識取得ノードで抽出した情報を{{context}}として埋め込んでいる点です。LLMノードでは、プロンプトの設定欄とは別にコンテキストという欄があります。

▼図5-17　コンテキスト欄

　コンテキスト欄に知識取得ノードの出力変数であるresultを指定します。そうするとプロンプトの設定欄で/を入力すると、コンテキストを選択できるようになります。

5.2 はじめてのRAGアプリケーション開発

▼図5-18　プロンプトへのコンテキストの設定

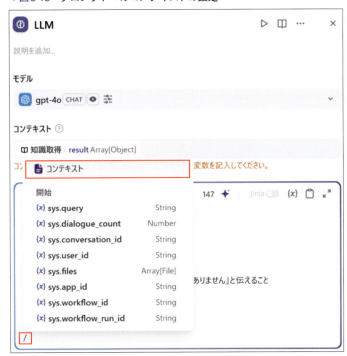

　こうすることで、知識取得ノードで検索・抽出した**文章のみをプロンプトに埋め込む**ことができます。知識取得ノードの出力変数resultには、さまざまなメタデータ（ファイル名など）が含まれていますが、**LLMノードで利用するのは検索・抽出した文章のみ**であるため、このような処理が必要となります。また、文脈に情報がない場合は「文脈に情報がありません」と回答させるプロンプトを設定しています。このように設定することで、適切な情報がないときにLLMがいい加減な回答を生成しないようにしています。

　ユーザの入力sys.queryは＋メッセージを追加からUSER欄に追加します。

225

▼図5-19 ユーザーの入力を追加

これでユーザーの質問と、知識取得ノードで検索・抽出した情報が一緒に言語モデルに渡されて回答が生成されます。

》 アプリケーションの動作確認と基本的な使い方

最後に回答ノードでLLMノードの出力変数を参照させればアプリケーションが完成です。アプリケーションを公開して試しに使ってみましょう。

▼図5-20 引用して回答

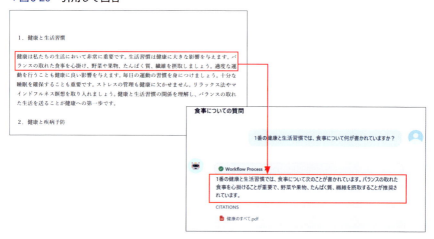

左側がナレッジに登録したPDFの文章です。PDFの内容を参照して回答を生成していることがわかります。回答と一緒にCITATIONSとして健康のすべ

て.pdfという情報が表示されています。これは、**知識取得ノードで検索・抽出した文章**が表示されています。

　以上がRAGを使ったアプリケーション作成の流れとなります。Difyでは簡単にRAGの技術を使えることが実感できたのではないかと思います。ただし、ナレッジ登録時の前処理の設定や、文書の検索方法などが、どのような意味なのかがわからないかと思います。これらを知ることで、さらに精度を向上させたり、より有用なRAGアプリケーションを作ることができるようになります。

5.3　RAGシステムの仕組みと検索技術の基礎

　ここでは、RAGの技術的な仕組みを解説します。仕組みを知ることで、先ほどRAGのアプリケーションを作成する際に設定した項目が、どのような意味を持つのかを理解でき、自分でより精度の高いRAGのアプリケーションを作ることができるようになります。

5-3-1 》 RAGシステムの全体像

　5.1節でRAGの全体像を説明しました。より処理の流れを具体化すると次のようになります。

▼図5-21　**RAGシステム全体の流れ**

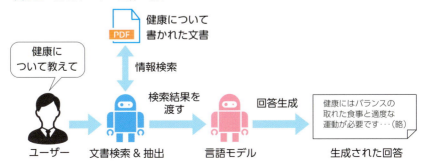

RAGでは大きく分けて次の2つのステップがあります。

- **情報検索ステップ**：事前に前処理した文書（ナレッジ）から、必要な情報を探し出す処理
- **回答生成ステップ**：抽出した情報を活用して、ユーザーの質問に対する回答を生成する処理

先ほど作成したアプリケーションでは、「知識取得ノード」と「LLMノード」がそれぞれのステップを処理していました。

▼図5-22　DifyによるRAGのノード構成

知識取得ノードでは、**ナレッジに与えた文章の一部**が抽出されます。文書の一部だけを言語モデルに入力するため、長い文章をもとにしたQAを行う場合でも、低コストで利用できるというメリットがあります。

続いて、どのように知識取得ノードで検索・抽出を実現しているのかを理解していきましょう。

5-3-2 》 検索・抽出のための前処理

情報検索の仕組みを理解するためには、次の2つの要素を理解する必要があります。

- 文書の分割処理：関連した部分だけを利用するための前処理
- 検索アルゴリズムの設定：関連情報をどのように検索するかを決める設定

》 文書の分割処理

最初に関連情報を効率的に利用するための前処理として、**文書の分割**を行います。これにより、文書全体ではなく、**関連性の高い部分だけを抽出**できるようになります。例えば、「健康と運動の関係について教えて」という入力が

ある場合に、文書の全てを利用する必要はなく、**健康と運動について書かれている部分**だけを利用できれば十分でしょう。そのため、まずは文書を分割して関連部分だけを抽出できるように前処理を行います。

文書の分割処理はチャンク化と呼ばれます。

▼図5-23　チャンク化

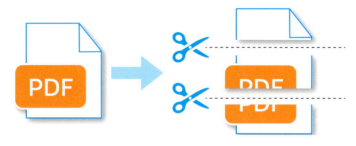

RAGで回答を生成する際は、この分割された文章のどれかを抽出して、言語モデルに入力します。

ナレッジ登録時のチャンク設定という項目では、この分割方法の設定を行うことができます。

▼図5-24　分割方法の設定

チャンクをプレビューをクリックすることで、現在の設定で分割した場合のチャンクを確認できます。チャンクを設定する際の基本的な考え方は、1つ1つの**チャンクの意味が同じになるように分割する**ことです。そうすることで、検索の精度を高めることができます。分割方法を決めるパラメータとして次の

ようなものを設定できます。

- **チャンク識別子**
  文書を分割する際の区切りとなる文字を指定します。例えば「\n」（改行）や「\n\n」（空行）を指定すると、その箇所で文書が分割されます。この区切り文字自体はチャンクには含まれません。
- **最大チャンク長**
  分割された際のチャンクの最大文字数（厳密にはトークン数）を指定します。例えば100文字と設定した場合、100文字を超えると分割されるイメージです。Microsoftが公開しているブログ[注3]によると、チャンクサイズは512が最も効果的だったという結果が報告されています。ただし、これはあくまで目安であり、文書の特性に応じて調整が必要です。
- **チャンクのオーバーラップ**
  チャンク間で重複を許容する文字数を指定します。例えば、最大サイズ100文字で分割する場合、ちょうど100文字目で重要な情報が分断されてしまう可能性があります。そのため、チャンク間である程度の重複（オーバーラップ）を設定するのが一般的です。Difyでは、チャンクサイズの10〜25%程度の重複を推奨しています。

5-3-3 》 検索アルゴリズムの設定

次に分割されたチャンクの中から、**最も関連性の高いチャンクを検索・抽出する**アルゴリズムの設定を行います。現在のRAGで最も主流な検索方法は、**ベクトル検索**と**全文検索**を組み合わせた**ハイブリッド検索**です。まずは、それぞれの検索手法について見ていきましょう。

注3 Azure AI Search: Outperforming vector search with hybrid retrieval and reranking (https://techcommunity.microsoft.com/blog/azure-ai-services-blog/azure-ai-search-outperforming-vector-search-with-hybrid-retrieval-and-reranking/3929167)

▼図5-25　検索アルゴリズム

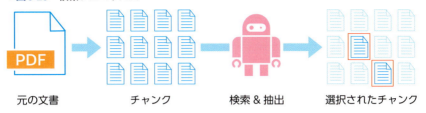

元の文書　　　チャンク　　　検索＆抽出　　　選択されたチャンク

意味を理解するベクトル検索

　ベクトル検索は、文章の**意味的な近さに基づいて検索を行う手法**です。例えば、「猫はかわいいです」と「ねこちゃんは愛らしいです」という2つの文章があるとき、人間にはどちらも似た意味だとわかります。しかし、単純な文字の比較では、これらを似ている文章だと判断できません。この問題を解決するために、文章をベクトルと呼ばれる**意味を考慮した数値の配列に変換**します。

▼図5-26　ベクトル化

文章　　　埋め込みモデル　　　数字の配列

　このように文章の意味を考慮した数値の配列に変換することで、**文章同士の意味的な近さ（関連度合）**を定量的に評価することができるようになります。ベクトル検索を利用する場合は、すべてのチャンクをベクトル化（数値の配列に変換）する必要があります。

▼図5-27 チャンクのベクトル化

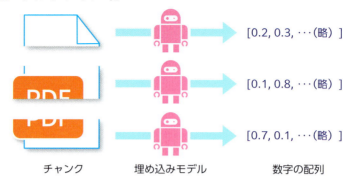

ユーザーの入力を検索の手がかりとする場合は、ユーザーの入力も同様にベクトル化が行われて、最も意味的に近いチャンクが検索・抽出されます。

Difyでは、インデックス方法の設定で高品質を選択すると、ベクトル検索のための前処理が行われます。

▼図5-28 インデックス方法の選択

》 埋め込みモデルによる文章の数値化

文章のベクトル化（数値の配列への変換）には、埋め込みモデル（Embedding Model）というAIの技術が使われます。これは回答を生成する**言語モデルとは別のモデル**です。例えば、OpenAI社からはtext-embedding-3-largeというモデルが提供されています。

5.3 RAGシステムの仕組みと検索技術の基礎

▼図5-29 埋め込みモデルの選択

　OpenAIなどの埋め込みモデルを利用する場合は、言語モデルと同様にコストが発生します。また、利用するモデルを提供している会社へデータが送られることは理解しておくとよいでしょう。ただし、コストは言語モデルと比較すると非常に安価です。

　埋め込みモデルの性能は、モデルにより異なります。例えば、OpenAIのtext-embedding-3-largeは、text-embedding-3-smallよりも精度が高いモデルです。モデルを選択する際は、**MTEBリーダーボード**が参考になります。

▼図5-30　MTEBリーダーボード (https://huggingface.co/spaces/mteb/leaderboard)

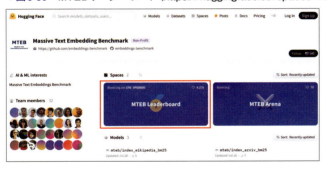

MTEBリーダーボードは、**HuggingFace**というプラットフォームで公開されている、さまざまなデータを用いた埋め込みモデルの評価ランキングです。ただし、日本語で利用する場合は、**選択したモデルが日本語に対応しているか**の確認が重要です。

≫ キーワードで探す全文検索

全文検索は**文章に含まれる単語を手がかりに検索する手法**です。ベクトル検索は意味的な類似性を見つけられる一方で、**厳密な一致が必要な場合には弱い**という特徴があります。次の例で考えてみましょう。

> ユーザーの入力：エアコンから変な音がします。型番はAC2301Bです。対処法を教えてください。

このユーザーの入力に対して、次の3つのチャンクから適切な情報を探す場合を考えます。

> チャンク_1：
> 型番AC2301について：
> 本製品は2023年1月製造のベーシックモデルです。このエアコンから異音が発生した場合は内部フィルターの目詰まりが原因のため、フィルターを水洗いしてください。

> チャンク_2：
> 型番AC2301Bについて：
> 本製品は2023年1月製造のバッテリーバックアップモデルです。このエアコンから異音が発生した場合は、バッテリー接続部の緩みが原因です。必ず電源を切ってから、バッテリーの接続を確認してください。むやみに水洗いすると故障の原因となります。

> チャンク_3：
> 型番AC2301Pについて：

> 本製品は2023年1月製造のプレミアムモデルです。このエアコンから異音が発生した場合は、自動診断機能が作動しますので、表示されるエラーコードに従って対応してください。

　この例では、どのチャンクも「エアコンの異音対策」について書かれており、型番も似ています。そのため、意味的にはすべて類似しており、ベクトル検索だと正しくチャンクを選択できない可能性があります。このように、ベクトル検索は**厳密な一致をもとに検索する場合に弱い**という特徴があります。

　この弱点を補うのが全文検索です。全文検索では文章の中の各単語をもとに文章間の類似度を計算します。一般的にはBM25と呼ばれるアルゴリズムが使用されます。上記の例では、「AC2301B」という単語をもとにスコアを計算するため、ベクトル検索と比べると正しいチャンクを選択できる可能性が高くなります[注4]。

≫ 2つの検索を組み合わせたハイブリッド検索

　ハイブリッド検索は、**ベクトル検索と全文検索を組み合わせた検索手法**です。意味的な類似性と単語の一致の両方を考慮することで、より正確な検索が可能になります。

注4　日本語の全文検索では、単語の区切りを認識する「分かち書き」という処理が必要です。本書執筆時点のDifyでは日本語の分かち書きが十分ではないため、日本語の全文検索の精度には課題があります。今後のバージョンアップでの改善が期待されます。

▼図5-31 ハイブリッド検索

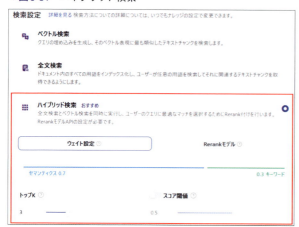

　ハイブリッド検索には、ウェイト設定とRerankモデルという2種類の設定があります。ウェイト設定では、ベクトル検索と全文検索の結果にそれぞれ重み（ウェイト）を付けてスコアを算出します。例えば、先ほどのエアコンの例での動作イメージとしては次の通りです。

▼表5-1 チャンクへのウェイト設定

チャンク	ベクトル検索のスコア	全文検索のスコア	ハイブリッド検索 （重み付け 0.7:0.3）
チャンク_1	0.82	0.60	0.75
チャンク_2	0.80	0.95	**0.88**
チャンク_3	0.78	0.60	0.72

　このようにどちらか1つだけでなく、両方の結果を組み合わせることで適切なチャンク_2を選択できるイメージです。
　ハイブリッド検索の主な設定項目は次の2つです。

- トップK

　最大で何個のチャンクを取得するかの設定値です。大きくすると、たくさんのチャンクをプロンプトに入れられるため、関連情報が含まれやすくなります。一方、大きすぎるとプロンプトが長くなり、コストの増加や言語モデルが関連情報を探すのが難しくなり、回答の質の低下の可能性が高まります。

- **スコア閾値**

  検索して取得したチャンクの中で**特定の閾値よりも低いものを除外する**設定です。より正確な情報が必要なケースでは、値を大きく設定して関連度が高いものだけをチャンクとして利用するなどの使い方ができます。

5-3-4 >> 検索精度を高めるリランク技術

ハイブリッド検索には、Rerankモデルと呼ばれる設定があります。リランク（Rerank）とは、一度検索して抽出したチャンクをAIのモデルを使って**もう一度並び替える技術**です。

▼図5-32　リランク処理

リランクは関連性が高いチャンクを上位に配置することができるため、**検索精度を高める**ことができます。一方で計算負荷が高いため、すべてのチャンクに対してリランクを行うとコストが大きくなります。そのため、一度ベクトル検索などで絞り込んだチャンクに対して、リランクを行うのが一般的です。

リランクは、検索アルゴリズムの設定でRerankモデルを選択することで有効化できます。

▼図5-33　リランクモデルの設定

　代表的なリランクモデルとしてCohere社のモデルがあります。ただし、APIの利用には費用が発生し、埋め込みモデル（Embedding Model）と比較するとコストが高くなりがちです。そのため、ウェイト設定で運用してみて精度が低い場合に、リランクモデルを検討するとよいでしょう。また日本語で利用する場合は、多言語対応（multilingual）モデルを選択するのが適切です。

　ハイブリッド検索でRerankモデルを適用する場合、全文検索とベクトル検索でそれぞれ取得したチャンク（トップK×2個）がリランクされ、最終的に指定した数（トップK個）のチャンクが抽出されます。

　以上がRAGの技術的な仕組みの解説です。これらを一からプログラムで実装しようとすると大変ですが、Difyではパラメータを入力したり、設定を選択するだけで、これらの技術を利用できます。次節以降では、これらの知識を活かした実践的なRAGのアプリケーションの開発を学んでいきましょう。

5.4 複数の業務文書を活用したRAGアプリケーションの実践

実際の業務では**複数の文書を参照して**AIに回答させたいケースもあります。複数文書を扱うRAGでも基本的な流れは変わりませんが、情報の優先順位や検索アルゴリズムの選択など、複数文書特有の設計ポイントがあります。

5-4-1 》文書特性に応じたナレッジベースの設計

まず は ナレッジを作成 から1つ目のファイルを登録します。ここではGitHub[注5]に用意している 株式会社AIキャット契約書.txt という言語モデルで作成した契約書を登録します。特にアプリケーションは重要ではないため、ファイルは好きなものを利用していただいて構いません。ファイルがない場合はGitHubからダウンロードしてください。チャンク設定は「汎用」として、パラメータ設定や検索アルゴリズムはデフォルトのまま作成します。検索アルゴリズムはベクトル検索で、Rerankモデルは不要なのでOFFにします。

▼図5-34 ナレッジの追加

上図のように新しいナレッジが追加されます。続いて2つ目のファイルとし

注5　https://github.com/nyanta012/dify-book

てAIキャット商品パンフレット.txtという言語モデルで作成した商品パンフレットを登録します。このとき、ファイルを登録する方法としては次の2つがあります。

❶ 1つのナレッジに複数のファイルを登録する
❷ 複数のナレッジを作成して、それぞれに別のファイルを登録する

❶は既に作成したナレッジにファイルを追加する方法で、❷はAIキャット商品パンフレット.txt用に新しくナレッジを作成する方法です。

Difyの現在の仕様では、1つのナレッジに対して1つの検索アルゴリズムが設定されます。つまり、❶のようにファイルを登録していく場合、すべてのファイルに対して同じ検索アルゴリズムが適用されます。しかし契約書はベクトル検索を適用して、商品パンフレットは型番が載っているので全文検索がよいなど、文書の性質によって検索アルゴリズムを変えたい場合も出てきます。そのような場合は、別々のナレッジとして登録するほうがよいでしょう。

一方で、複数のナレッジを作成する場合は、それらの検索結果を統合するためのリランク処理が必要になり、また管理も複雑になります。そのため、文書の性質が似ている場合や、シンプルな管理を優先したい場合は、1つのナレッジにまとめるほうが効率的でしょう。

ここでは、別々のナレッジとして株式会社AIキャット契約書.txtとAIキャット商品パンフレット.txtを作成してみます。チャンク設定は「汎用」で、詳細な設定はデフォルトのままとします。契約書のほうはベクトル検索として、商品パンフレットのほうは全文検索としてナレッジを作成します。

▼図5-35　パンフレットの検索アルゴリズムを設定

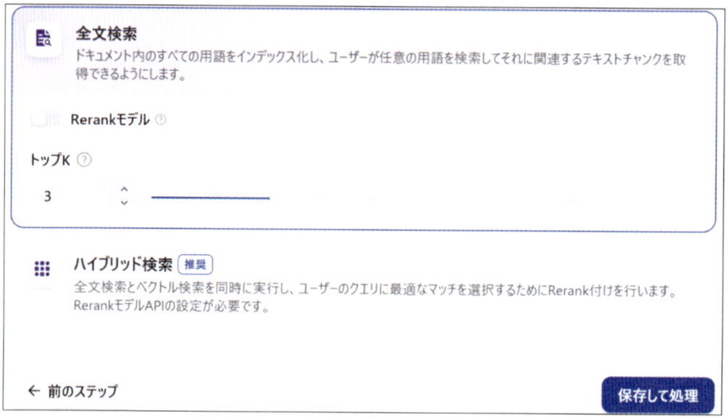

今回はそれぞれのナレッジで、ベクトル検索と全文検索を設定していますが、ハイブリッド検索を選択して、リランクのウェイトの設定を文書に応じて調整するという方法も効果的です。

5-4-2 》 複数ナレッジの統合と知識取得ノードの実装

次にチャットフローでアプリケーションを作成して、知識取得ノードで複数のナレッジを参照してみましょう。アプリ名は「会社情報アシスト」とします。

▼図5-36 チャットフローのアプリタイプを選択し、名前を設定

デフォルトで配置されているノードは削除します。全体構成は次の図の通りで、5.2節のRAGのアプリケーションと同じノードの構成です。

▼図5-37 アプリ全体のノード構成

知識取得ノードで、+から複数ナレッジを登録します。

▼図5-38　知識取得ノードの設定

このとき、複数文書に対する**検索設定**と、各ナレッジごとでの**検索設定**を行うことができます。複数文書に対する**検索設定**は、**各ナレッジベースから得られた検索結果を統合する**際の処理方法を決定します。

▼図5-39　複数のデータに対する処理

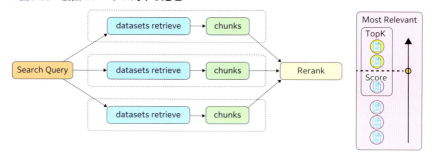

出典：Integrate Knowledge Base within Application _ Dify[注6]

上記はDify公式のドキュメントから引用した処理のイメージ図です。複数のナレッジがある場合は、個々のナレッジに対して検索をした後に、結果を統合します。そのため、全体の検索設定が最終的に取得されるチャンクの数などを決めます。

注6　https://docs.dify.ai/guides/knowledge-base/integrate-knowledge-within-application

5.4 複数の業務文書を活用したRAGアプリケーションの実践

▼図5-40 複数文書の検索設定

上記の設定では、5つのチャンクが次のノードに渡されることになります。Rerankモデルはモデルプロバイダーの設定が必要になるので、ここではウェイト設定を選択します。ウェイト設定では、セマンティクスを高くするとベクトル検索の効果が強くなり、キーワードを高くすると全文検索の効果が強くなります。ここは、用途に応じて調整が必要になります。

その他のノード設定は5.2節と同じです。アプリを公開して何か入力をしてみましょう。

▼図5-41 アプリの実行

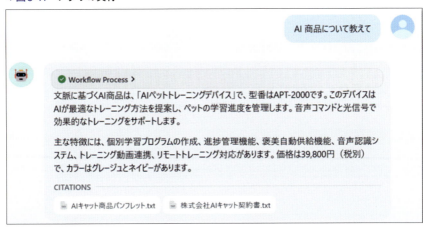

2つの文書を引用元として利用しながらチャットが行えていることがわかります。以上が基本的な複数の文書をナレッジに登録してRAGを行う方法となります。ただし、5.3節で説明したように、**日本語での全文検索は精度が低い**です。そのため、全文検索だけのナレッジ設定だと適切に引用できないことがあるため注意してください。

5-4-3 》RAGシステムの精度向上とトラブルシューティング

RAGシステムの開発において、期待通りの精度が出ないケースに遭遇することがあります。多くの場合、**必要な情報が適切に検索できていない**ことが原因です。Difyではナレッジベース画面から検索のテストが可能です。

▼図5-42 テスト結果

検索テストを行うには、対象ナレッジベースの左側メニューから検索テスト画面に移動し、ソーステキストに検索したい文章を入力します。右側に表示される検索結果を確認することで、適切なチャンクが取得できているか検証できます。検索結果が不適切な場合は、言語モデルの性能に関わらず高精度な回答を得ることは困難です。このような場合は、チャンク設定の見直しや検索アルゴリズムの変更を検討しましょう。

また、Difyでは個別のチャンクを編集することも可能です。編集するには、ドキュメント管理画面から対象ファイルを選択します。

5.4 複数の業務文書を活用したRAGアプリケーションの実践

▼図5-43　ファイルを選択

選択すると、そのドキュメントのチャンク一覧が表示されます。

▼図5-44　チャンクの一覧

　この画面でチャンクの追加・編集・削除が可能で、各チャンクの使用頻度も確認できます。ベクトル検索では、**1つのチャンクが意味的にまとまりのある単位となっている**ことが重要です。長すぎるチャンクや、複数の文脈が混在するチャンクは適切に分割することを推奨します。

5-4-4　Q&A形式による高精度化の実現

　現在コミュニティ版のDifyでは、Q&A形式でのチャンク作成機能が提供されています。

▼図5-45　Q&A形式の設定

通常の分割方式がファイルの文書をそのまま分割するのに対し、Q&A形式では**想定される質問と回答のペア**の形式でチャンクを作成します。これらのペアは言語モデルが自動で生成します。

▼図5-46　Q&A形式のチャンク

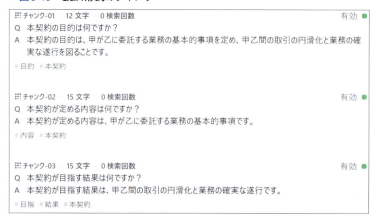

例えば株式会社AIキャット契約書.txtをQ&A形式で処理すると、上記のようなチャンクが生成されます。検索はQUESTION部分に対して行われ、対応するANSWERが検索結果として提供されます。

通常の分割方式では、文書中にユーザーが入力するような**口語表現が含まれにくい**という課題があります。Q&A形式では、言語モデルが想定される質問をさまざまな観点から生成するため、ユーザーの自然な問いかけと検索クエリのマッチング精度が向上します。追加のコストは発生しますが、より自然な質問に対する高精度な回答を実現したい場合に有効な選択肢となります。

5.5 文脈を考慮したRAG検索システムの実装

5-5-1 》 RAGシステムにおける文脈理解の重要性

実際の業務でRAGのシステムを運用すると、ユーザーは「これは何?」「なぜ?」といった曖昧な表現を入力することがあります。人間同士の会話では、こうした質問の意図を過去の文脈から自然に理解できますが、単純なRAGのアプリケーションではこのような曖昧な入力が課題となります。例えば、RAGのアプリケーションでユーザーが次のように入力した場合を考えてみます。

```
ユーザー:AIキャット社の商品を教えて
回答:AIキャット社の商品は、カメラAPC-300X、モニターAPM-300X、マイクAPM-300Xです。

ユーザー:最後のやつはどういう特徴があるの?
```

この場合、ユーザーの質問意図としては「マイクAPM-300X」という商品の特徴を知りたいということですが、RAGでは適切な情報を検索することが難しくなります。なぜなら、検索クエリとして「最後のやつはどういう特徴があるの?」という文章が使われるためです。この文章から類似文章として「マイクAPM-300X」を抽出することは困難です。

5-5-2 》 文脈対応したRAGの基本設計

そこで文脈を考慮したRAGを行えるように、言語モデルを利用して**ユーザーの入力を変換する**アプリケーションを作ってみましょう。

作成するアプリケーションのイメージは次のようになります。

▼図5-47　RAGでクエリの変換を行うアプリケーションの概要

ユーザーの入力に対して、言語モデルを利用して適切な形に変換します。例えば、「もっと詳しく教えて」という入力の場合、過去の文脈から何を詳しく知りたいのかを特定して、より明確な文章を生成します。その文章をRAGで利用することで、適切なチャンクの検索・抽出が行えるようになります。

全体のアプリ構成は次の通りです。

▼図5-48　アプリ全体のノード構成

今回は入力変換のほかに、ユーザーの入力から**RAGを行うべきかを判定する処理**も実装します。例えば、ユーザーが「こんにちは」と入力した場合、RAGを実行する必要はありません。そのような場合は、言語モデルのみを利用して自然な対話を行うように実装します。

チャットフローを選択して、名前は「文脈を考慮したRAGアプリ」として作成します。

5-5-3 》 入力内容の分類システムの実装

まず、質問分類器でユーザーの入力に応じて、**RAG を使うべきかを分類する処理**を作成します。

▼図5-49　ユーザーの入力

チャットフローではユーザーの入力がsys.queryに格納されるため、この値を質問分類器ノードの入力変数とします。

▼図5-50　分類器の設定

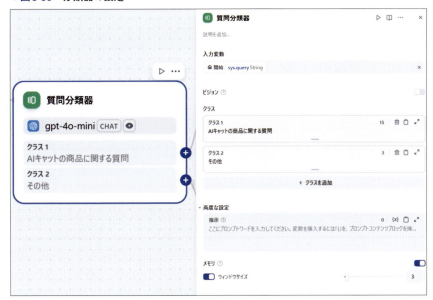

分類クラスはAIキャットの商品に関する質問とその他の2つを設定します。ここでは単純なクラス名ですが、分類精度を確認しながら調整する必要があります。

また過去の会話履歴を考慮するため、高度な設定からメモリ機能をONにします。これにより、過去の会話履歴も含めて分類が行えるようになります。

▼図5-51　分類器のメモリON

言語モデルはgpt-4oより数倍安価なgpt-4o-miniを設定します。利用するモデルは、分類精度とコストのバランスを考慮して適宜変更してください。

5-5-4 》 クエリ変換システムの構築

続いて、質問分類器ノードでRAGを行うと判定された場合の処理を作成します。

▼図5-52　RAGのフロー

ユーザーの入力を最適なクエリに変換するLLMノードには、次のようなプ

ロンプトを設定します。

> あなたはAIキャット社のカスタマーサポートアシスタントです。ユーザーの質問をより適切な検索クエリに変換してください。
>
> ### 検索クエリ生成の際の注意点
> 1. 会話の文脈を考慮し、これまでの質問や回答も踏まえる
> 2. 具体的な商品名やキーワードは保持する
> 3. 質問の本質的な意図を反映させる
> 4. 一般的な挨拶や不要な表現は除去する
> 5. できるだけ自然な質問文として表現する
>
> ### クエリ生成のルール
> - 商品名は正確に記載する（例：PetAI Guardian）
> - 同義語や関連する用語は含める
> - 文脈から推測される重要な情報は補完する
> - 検索の意図が明確になる表現を使用する
>
> クエリのみを出力し、理由や説明は付けないでください。

文脈を保持する必要があるため、メモリ機能をONにしています。

▼図5-53　LLMノードのメモリ機能ON

続いて知識取得ノードを設定します。

▼図5-54　知識取得ノードの設定

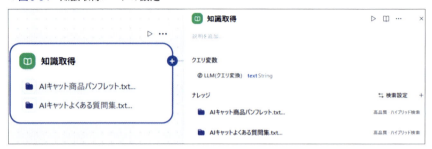

クエリ変数には、LLMノードの出力を設定します。これにより、LLMにより変換された検索クエリが利用できます。

ナレッジとしてAIキャット商品パンフレット.txtとAIキャットよくある質問集.txtを使用します。これらはGitHubのリポジトリ[注7]に置いてありますので、必要であればダウンロードしてください。検索設定はともにハイブリッド検索でウェイト設定を選択します。設定の変更は、知識取得ノード上から行うことができます。

▼図5-55　検索設定の変更

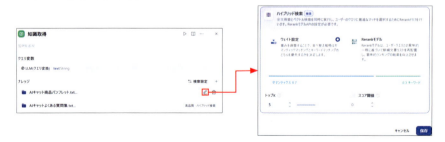

回答生成用のLLMノードには次のプロンプトを設定します。

あなたはAIキャット社のカスタマーサポート担当者です。
参照情報をもとに、丁寧に回答してください。

注7　https://github.com/nyanta012/dify-book

```
### 制約条件
- 参照情報に記載がある内容のみ回答すること
- 参照情報に無い内容は「申し訳ございませんが、その点については確認が必要です」と回答すること
- 専門用語は分かりやすく説明を加えること

### 参照情報
{{context}}
```

こちらも文脈を保持できるようにメモリ機能をONにしています。最後に出力ノードでLLMノードの出力を参照させることで、RAGの結果をユーザーに返答させることができます。

5-5-5 》 RAG以外のフローを実装する

ユーザーから入力された質問や要望のうち、**RAGで処理する必要がないもの**については、言語モデルを利用して自然な返答を生成します。

▼図5-56　その他のフロー

このフロー用のLLMノードには次のような対話用のプロンプトを設定します。

```
あなたはAIキャット社のAIアシスタントです。
ユーザーの入力がAIキャット社に関連するかどうかを判断し、適切に対応してください。

### 応答方針
```
➡次ページに

> 1. AIキャット社に関係のない質問や要求：
> - 丁寧に回答を控える旨を説明
> - AIキャット社の製品やサービスについての質問を促す
>
> 2. AIキャット社に関連する質問：
> - 以下の連絡先を案内する
> 【お問い合わせ】
> 株式会社AIキャット　カスタマーサポートセンター
> TEL：0120-XXX-XXX
> 受付時間：9:00-18:00（年中無休）
>
> メール：support-example@ai.cat
>
> ### 制約条件
> - AIキャット社の具体的な商品情報には言及しないこと
> - 違法行為や不適切な要求は毅然とした態度で断ること

またユーザーの入力（sys.query）もユーザープロンプトに設定する必要があります。

システムプロンプトでは、**会社に関連する質問以外は答えないようなプロンプト**を設定しています。RAGに限らず、このようなチャットボットを一般公開した場合、悪意を持ったユーザーに目的外の用途で利用されるリスクがあります。例えば、「Pythonの勉強方法を教えて」など会社とはまったく関係ない入力に対して回答してしまうと、それらに対しても言語モデルの料金が発生してしまいます。そのため、入力内容によっては回答を拒否するようなプロンプトを設定しておくのがお勧めです。

5-5-6 》 動作確認とデバッグ

アプリケーションが完成したら、入力の変換がどのように行われているかをデバッグしてみましょう。AIキャットに関する商品について入力した後、曖昧な入力をしてみます。

5.5 文脈を考慮したRAG検索システムの実装

▼図5-57　アプリの実行結果

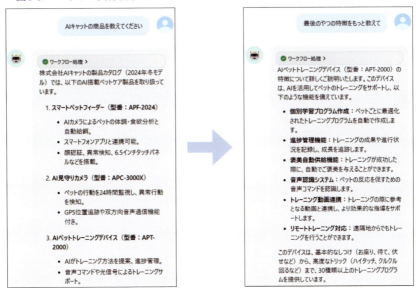

「最後のやつの特徴をもっと教えて」という曖昧な入力でも、さらに詳しく特徴を出力してくれています。クエリ変換がどのように行われているのか、ログを確認してみましょう。

▼図5-58　ログの確認

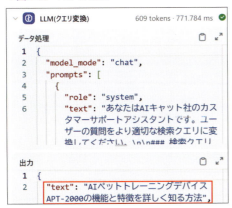

クエリが変換されて、商品名で検索が行われています。また、関係ない入力

に対しても回答拒否できていることが確認できます。

▼図5-59　関係ない入力

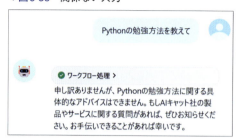

以上が文脈理解を組み込んだRAGシステムの実装例です。

5-5-7 》 回答がうまく生成されない場合

　Difyのソースコード変更により、本書と同じ回答が得られなかったり、独自文書を使用した際に回答精度が低いことがあります。そのような場合は、5.4節で解説したように検索精度の確認を行いましょう。例えば、文書の分割（チャンク）が細かすぎる場合には、識別子を「***」などに設定してナレッジを登録することで、より多くの情報を含む分割を作成できます。

▼図5-60　ナレッジ設定の見直し

　また、最大チャンク長を増やしたり、不要なチャンクを削除することでも精度向上が見込めます。最適な前処理方法は文書の種類や内容によって異なるため、検索テストを繰り返しながら調整してみましょう。

5.6 RAGシステムの現状の限界

RAGには現在制約があり、技術発展で解決される可能性はあるものの、現時点の限界を理解した上で活用することが重要です。

5-6-1 » 要約生成における制約

RAGの仕組み上、文章を**正しく要約させることは困難**です。既に学習したようにRAGは文章を小さな断片（チャンク）に分けて処理します。そのため、文書全体の文脈を把握する必要がある要約作業には適していません。論文のようにAbstract（概要）が既に用意されている場合は例外かもしれませんが、そうでない一般的な文章の要約は難しいと言えます。

▼図5-61　要約はできない

これは実際のサービス運用でも課題となります。ユーザーは裏側で動いているのがRAGシステムだとは意識せずに使用するため、「この文書を要約して」といった要望や、「この文書には全部で何個の問題点が挙げられていますか？」のように**文書全体を読む必要がある入力**をすることがあります。しかし、現状のRAGではそのような入力に対応することが難しいのです。

こうした課題に対する技術的な対策の1つとしては、5.5節で紹介したようにユーザーからの入力を質問分類器で分類し、文書全体の参照が必要かどうかを判断して処理を分ける方法が考えられます。ただし、参照する文章が長く

なるとコストが高くなりますし、文章が長すぎる場合はLLMに入力できないなどの問題もあります。

5-6-2 》 非テキストデータ処理の課題

現在のRAG技術において、最も高い実用性を示しているのは**テキストデータ**の処理です。技術的には画像データもベクトル化して検索することは可能ですが、実用レベルでの精度を出すのは容易ではありません。テキストデータは文字列として直接処理できるのに対し、画像データには色彩、形状、レイアウトなど、さまざまな情報が含まれており、意図した検索結果を得ることが難しいのです。

▼図5-62　テキスト以外は難しい

特に企業での活用を考えた際、パワーポイントやPDFなど、グラフや図が豊富に含まれた資料に対してRAGを適用したいというニーズは高いでしょう。しかし、現状のRAGの仕組みでは十分な精度を確保することが難しい状況です。

この課題に対する解決アプローチも徐々に登場してきています。例えばAnthropic社は、4.1節で解説したようにPDFの各ページを画像として処理し、その内容について回答を生成できるモデルをリリースしています。

またマルチモーダルなAIモデルを使って、グラフや図を含むページを画像として読み込み、その内容を詳細なテキストに変換する方法も注目されています。このように変換されたテキストデータを使えば、従来のRAGシステムでの処理が可能になります。

しかし、これらの方法にも課題があります。すべてのページを画像として処理するとコストが高くなったり、画像の解釈の精度が低い場合もあります。非テキストデータに対するRAGの実用化には、まだ技術的な改善が必要な状況が続いています。

5-6-3 》 表形式データ処理の限界

ビジネス文書では表形式のデータが頻繁に使用されますが、RAGシステムでこれらを適切に処理するのは難しい場合があります。例えば、次のような売上表があったとしましょう。

▼表5-2　売上表の例

商品	四半期	売上	利益
コーヒー	Q1	500万円	100万円
コーヒー	Q2	550万円	110万円
紅茶	Q1	300万円	60万円
紅茶	Q2	320万円	64万円

一見単純そうに見えるこのような表も、RAGで扱う際はテキストのみが抽出されるので、きれいな表構造が失われることがあります。

```
コーヒー Q1 500万円 100万円 コーヒー Q2 550万円 110万円 紅茶 Q1 300
万円 60万円 紅茶 Q2 320
万円 64万円
```

仮に上記のような形でテキストが抽出された場合「Q2の紅茶の利益は？」といった質問に正確に答えることは難しいかもしれません。特に表の構造が複雑になったり、要素の数が多いほど、ベクトル検索が困難になり、プロンプトに入れてもモデルが適切に解釈できない場合が出てきます。非テキストデータと同様の対策で対応できる可能性もありますが、コストと精度の面で同様の課題があるため、RAGで表データを扱う場合は注意が必要です。

5-6-4 » 複雑な検索クエリへの対応

単純なRAGのシステムでは上手く対応できない質問パターンがいくつかあります。例えば、**入力が一般的過ぎる場合**は検索が難しくなります。次のような料理レシピに関する質問応答をRAGで行う場合を考えてみましょう。

> 参照させる文章：様々な料理のレシピ（材料、手順、調理時間など）
> ユーザーの質問：美味しい料理を教えて

人間なら「何かおいしそうな料理のおすすめが欲しいんだな」とすぐに理解できます。しかし、RAGの検索ステップでは「美味しい」「料理」といった一般的なキーワードやベクトルをもとに文章を検索しようとしてしまいます。また、参照させる料理レシピには、単純な材料、手順などが記載されているだけで美味しいというキーワードがありません。そのような場合に、適切な情報を抽出することができず、期待通りの回答は生成できない可能性があります。

他にも、**多段階の推論が必要な質問**もRAGシステムが苦手とするパターンです。例えば「日本人メジャーリーガーで最も身長が高い人の出身地はどこですか？」というような質問では、複数のステップでの検索が必要になります。具体的には、

❶ 日本人メジャーリーガーを特定

❷ その中で最も身長が高い選手を特定

❸ その選手の出身地を特定

という3段階の検索が必要です。通常のRAGシステムは1回の検索しか行わないため、このような複雑な質問に正確に答えるのは困難です。これらの課題に対処するため、現在さまざまな改良手法が研究されています。例えば、Chapter 7で紹介するAIエージェントの技術を活用することで、多段階推論を実現できる可能性があります。ただし、このような高度な技術を導入すると、レイテンシー（応答時間）の増加やコスト上昇といった新たな課題も生じてきます。現状のRAGシステムでは、入力の種類によっては本質的な制約があるため、単純なパラメータ調整だけでは精度向上に限界があることを認識しておくとよいでしょう。

Chapter 6

ツールを活用したDifyの機能拡張と外部システム連携

- 6.1 ツール機能の基礎
- 6.2 ウェブ検索ツールを活用した情報収集アプリの開発
- 6.3 Googleスプレッドシートと連携したデータ管理の基礎
- 6.4 DifyとGoogleスプレッドシートの連携
- 6.5 再利用可能なカスタムツールの作成と活用

6.1 ツール機能の基礎

6-1-1 ツール機能によるアプリケーションの拡張

　Difyでは**外部サービスやシステムと連携したアプリケーションの開発**も行うことが可能です。例えば、画像生成AIの機能を提供しているサービスと連携すれば、ユーザーの入力からイラストを生成するアプリケーションを作成したり、ウェブ検索サービスと連携して最新情報に基づくチャットボットを作成することもできます。

　Difyのv1.0.0からプラグインシステムが導入され、サードパーティ製の拡張機能も簡単に組み込めるようになりました。ここでは、そのプラグイン機能の1つである「ツール」に注目し、外部システムと連携したアプリケーション開発の基本について学んでいきます。

6-1-2 ツールプラグインの全体像

　ツールプラグインは、ワークフロー、チャットフロー、エージェントといったアプリタイプから参照できる外部ツールです。例えばワークフローやチャットフローでは、ノードのツールタブから使用することができます。

6.1 ツール機能の基礎

▼図6-1　ツール選択画面

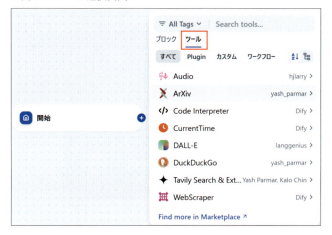

ツールプラグインには大きく分けて次の3種類があります。

❶ **ビルトインツール（組み込みツール）**
　• Difyにデフォルトで組み込まれているもの
　• インストールや認証設定だけですぐに使える

❷ **カスタムツール**
　• 外部のAPIなどと連携できる拡張機能
　• OpenAPI/Swagger形式で記述したAPIをアプリケーションに組み込める

❸ **ワークフローツール**
　• ワークフローのアプリタイプをツールとして使用するもの
　　（4.4節で作成したワークフローのアプリケーションをツールとして使用する方法）

これまでのアプリケーション開発でも、文字起こしを行うSpeech to Textツールや、ワークフローのアプリタイプをツールとして利用してきました。他にもさまざまなツールが存在するため、本Chapterではそれらのツールの基本的な使い方や、カスタムツールの作り方などを学んでいきます。

6-1-3 》 DALL-Eによる画像生成アプリの開発

ツールを利用したアプリケーション開発の基本を理解するために、まずはテキストから画像を生成するアプリを作成してみましょう。

▼図6-2 画像生成アプリのイメージ

ここではOpenAIが提供する**DALL-E**という画像生成AIを使用します。DALL-Eは、**テキストから画像を自動生成できる**強力なAIモデルです。例えば、「猫の画像を作って」とテキストを入力すると、テキストの内容に基づいた画像を生成できます。生成される画像のクオリティも高く、プレゼン資料やウェブサイトの素材としても活用できるでしょう。

6-1-4 》 アプリケーションの概要

今回はシンプルなチャットフローで作成します。名前は「画像生成アプリ」とします。

▼図6-3 チャットフローのアプリタイプを選択し、名前を設定

ノードの構成は次の通りで、シンプルにユーザーの入力をもとに画像生成を行い、その結果を回答ノードで返すという流れとなります。

▼図6-4 アプリ全体のノード構成

6-1-5 » ツールプラグインの設定方法

まずツールプラグインとしてDALL-Eを利用するための設定を行います。組み込みツールの中には**インストールするだけですぐに利用できるもの**と、APIキーなどの**認証設定が必要なもの**があります。DALL-EはAPIキーの認証設定が必要になるため、そちらの設定を行います。

Difyのアプリ管理画面の右上にあるツールから利用可能なビルトインツール

一覧を確認できます。

▼図6-5　組み込みツール一覧

DALL-Eをインストールして、「ツール」画面でDALL-Eをクリックします。認証するをクリックしてOpenAIのAPIキーを入力します。APIキーの取得方法がわからない場合は、2.4節を参照してください。

▼図6-6　DALL-Eの設定

これでDALL-Eをアプリケーションの中で利用する準備が完了です。他の認証が必要な組み込みツールを利用する場合も同じように、ツールをインストールした後、APIキーの設定などを行う流れで利用可能となります。

6-1-6 》 DALL-Eツールの利用

設定が完了したらアプリケーションの開発を行います。チャットフローのアプリタイプでは、ユーザーの入力はsys.query変数に格納されるため、開始

6.1 ツール機能の基礎

ノードでは変数を定義する必要はありません。

開始ノードに続く形でDALL-Eのノードを追加します。

▼図6-7　DALL-Eのノードの追加

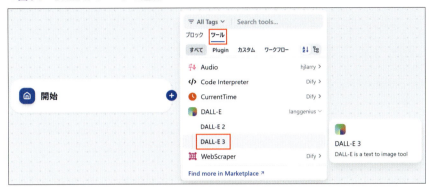

認証が完了していれば、ツールタブからDALL-E 3を選択することができます。DALL-E 2もありますが、基本的にAIのモデルは新しいバージョンほど精度が高いため、ここではDALL-E 3を選択します。

DALL-Eはテキストから画像を生成するため、テキストを入力変数として設定します。

▼図6-8　DALL-Eの設定項目

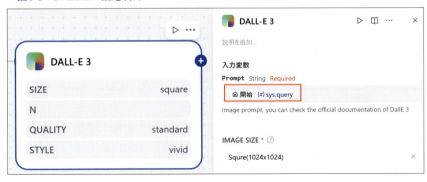

本来画像生成AIに入力するテキストは、生成する画像の質に大きく影響を与えるため重要です。しかし、DALL-EのモデルをAPIで利用する場合は、**自動的に言語モデルによる入力文章の書き換えが行われる仕様**となっているた

267

め、ここではあまり気にする必要はありません[注1]。

ユーザーの入力が格納されている sys.query 変数をそのまま入力変数として設定します。その他、画質やサイズなどの設定は、用途に応じて調整できます。

回答ノードでDALL-Eの出力変数 files を設定すれば、生成した画像をユーザーに表示させることができます。

▼図6-9　回答ノードの設定

6-1-7 》 アプリケーションの実行と動作確認

設定が完了したら、実際にアプリケーションを実行してみましょう。

▼図6-10　画像生成結果

注1　What's new with DALL-E 3 OpenAI Cookbook
　　 https://cookbook.openai.com/articles/what_is_new_with_dalle_3

チャットを開始して任意のテキストを入力すると、画像生成が行われます。生成された画像はクリックしてダウンロードすることも可能です。

以上が、ツールプラグインを利用したアプリケーション開発の流れです。本来、外部サービスをアプリケーションに組み込む際は、そのサービスの仕様を理解して実装しなければならないことが多いですが、DifyならAPIキーの設定だけで簡単に組み込めます。

なお、外部サービスの連携でAPIキーを利用する場合は**有料となることが多い点**に注意してください。無料クレジットが付与されるサービスもありますが、事前に料金体系や利用規約を確認することをお勧めします。

6.2 ウェブ検索ツールを活用した情報収集アプリの開発

言語モデル単体では学習が完了した時点より新しい情報については回答できませんが、ウェブ検索ツールと連携させることで、**最新の情報をもとに回答を生成するチャットボット**を作成することができます。

6-2-1 》 ウェブ検索による最新情報の取得

Chapter 5のRAGアプリでは、**事前に用意したナレッジを参照して回答を生成するアプリケーション**を作成しました。しかし、競合他社の動向や業界の最新トレンドなど、**日々更新される情報**を扱う場合、毎回ナレッジを更新してRAGを行うのは現実的ではありません。そこで、ウェブ検索ツールを活用して、都度最新の情報を参照しながら回答を生成するチャットボットを作成してみましょう。

作成するアプリのイメージは次の通りです。

▼図6-11 ウェブ検索アシスタントアプリの概要

　ウェブ検索を利用する場合は、**ウェブ検索により得られた結果をプロンプトに埋め込む**ことで回答を生成します。RAGでは検索のプロセス（埋め込みモデルの利用など）を自分で構築する必要がありましたが、ウェブ検索ツールを利用する場合はツールの中に組み込まれているものもあるため、よりシンプルな構成となります。

6-2-2 》 ウェブ検索ツールを組み込んだアプリケーション開発

　今回は対話形式のアプリケーションとするため、チャットフローを選択します。名前は「ウェブ検索アシスタント」とします。

▼図6-12　チャットフローのアプリタイプを選択し、名前を設定

作成するノードの構成は次の通りです。

▼図6-13　アプリ全体のノード構成

やや複雑に見えるかもしれませんが、ツールプラグイン以外は既に学習したノードです。アプリケーションの処理は大きく分けて3つのステップで構成されています。

- ユーザーの入力を検索用のクエリに変換
- ウェブ検索の実行（イテレーション処理）
- 検索結果をもとに回答を生成

検索クエリとは、**検索で入力する文章や単語のこと**を指しています。ここでは学習も兼ねて、ユーザーが入力した文章をそのまま利用するのではなく、**言語モデルを利用して適切なクエリに変換する構成**としています。

6-2-3 ≫ 検索クエリ生成機能の実装

最初にユーザーの入力を検索用のクエリに変換する処理を実装します。

▼図6-14 ユーザーの入力を検索用に変換する

クエリの変換処理には2つの目的があります。

- 文脈を踏まえた検索を行えるようにすること
- 複数の検索クエリを作成して幅広い視点から情報を収集すること

チャット形式での対話では、ユーザーが「これ」「それ」といった曖昧な表現を使うことがあります。これらを検索クエリとしてそのまま使うと、検索結果が不正確になる可能性があります。そのため、5.5節で作成したRAGのアプリケーションと同様に文脈に合わせて検索クエリを生成するようにします。また、異なる表現で複数のクエリを生成することで、幅広い情報を収集するようにします。

6-2-4 》 現在の日時情報の取得

まずは開始ノードの後に現在の日時を取得するためのCurrent Timeノードを追加します。Current Timeノードは**アプリケーションを実行した日時**を出力するツールです。

▼図6-15 Current Timeノード

時刻情報の利用はチャットボットの開発で重要です。ユーザーは入力に**日時の情報を明記しないことが多い**ためです。例えば「明日の東京の天気は？」と入力するユーザーは多くいる一方で、「2月13日の東京の天気を教えてください」と日時まで含めて検索するユーザーは少ないでしょう。このような背景か

6.2 ウェブ検索ツールを活用した情報収集アプリの開発

らか、ChatGPTなどのチャットアプリではシステムプロンプトに時刻情報が含まれています。DifyではCurrent Timeノードを利用して、アプリケーションを実行した日時を取得することができます。

Current Timeノードは組み込みツールとなっており、特別な設定をしなくても利用することができます。ノード追加のツールからCurrent Timeを選択するだけです。

▼図6-16　Current Timeノードの追加

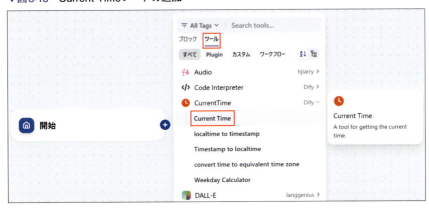

TIMEZONEは日本向けアプリケーションでは「Asia/Tokyo」に指定します。

▼図6-17　Current Timeノードの設定

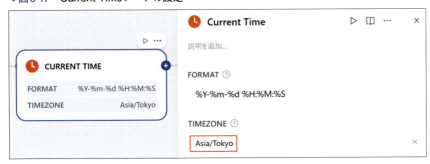

これでノードが実行された時点での日本の日時が出力されます。

6-2-5 ≫ 検索クエリ作成用のLLMノードの設定

続いてLLMノードを利用してユーザーの入力を適切な検索クエリに変換する設定を行います。ここでは次のようなシステムプロンプトを使用して3つの**検索クエリを生成**します。

> あなたの役割は、ユーザーが入力したテキストと過去の会話履歴から、最適な検索クエリを3つ生成することです。
>
> ### 現在の日時
> {{text:Current Timeノードの出力}}
>
> ### ガイドライン
> - 入力テキストと過去の会話の文脈を考慮して、関連する検索クエリを生成してください
> - 曖昧な表現(「これ」「それ」など)は具体的な表現に置き換えてください
> - 具体的で検索に適した表現を使用してください
> - 異なる側面や視点からの検索クエリを生成してください
> - 各クエリは30文字以内に収めてください
>
> ### 出力形式
> JSON形式で出力:
> {"query": [query_1, query_2, query_3]}

例えば、ユーザーが「最新の生成AIのトレンドを教えて」と入力した場合、LLMは次のような複数の関連検索クエリを生成することができます。

> ["2025年生成AIトレンド", "最新のAI生成技術アップデート", "生成AIの新しい応用事例"]

複数の検索クエリを生成できるのに加えて、Current Timeノードで取得した日時情報をプロンプトに埋め込んでいるため、**現在の日時情報を加味した検索クエリ(2025年生成AIトレンド)を生成する**ことが可能です。また作成した

検索クエリは、後続のノードで扱うためJSONモード(「3.6 JSONモードで作る文章アシストアプリ」を参照)で出力しています。さらに、過去のチャットの文脈から適切なクエリに変換できるよう、メモリの項目をオンにします。

LLMノードでの出力はすべて文字列となるため、後続の処理で扱いやすいようにコードノードで型の変換を行います。

▼図6-18　コードノードの設定

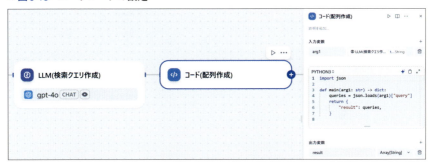

```
import json

def main(arg1: str) -> dict:
    queries = json.loads(arg1)["query"]
    return {
        "result": queries,
    }
```

出力変数の型はArray[String]としています。これにより、例えば{"result": ["2025年生成AIトレンド", "最新のAI生成技術アップデート", "生成AIの新しい応用事例"]}のような出力から、resultをキーとしてクエリの配列を簡単に取り出すことができます。

6-2-6 ≫ Tavily Searchによるウェブ検索

次に作成した3つの検索クエリを使ってウェブ検索を行います。ウェブ検索

ツールはいろいろありますが、ここでは Tavily Search というツールを利用します。

▼図6-19　イテレーションノードの設定

Tavily Search は**言語モデル向けに最適化された検索エンジン**です。

▼図6-20　Tavily 公式サイト（https://tavily.com）

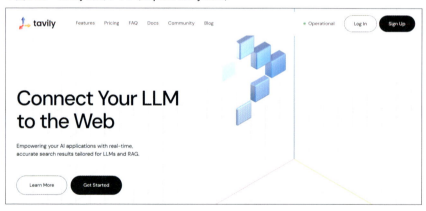

ただし、従量課金制のサービスのため、利用には API キーが必要です。**Tavily の公式サイト**でアカウントを作成し、API キーを発行しましょう。執筆時点では月 1000 回まで無料で利用できます。

6.2 ウェブ検索ツールを活用した情報収集アプリの開発

▼図6-21 ツール画面からTavily Search & Extractを設定

ツール画面からTavily Search & ExtractをインストールしてAPIの認証を行います。認証が完了したら、コードノードの＋をクリックして、イテレーションノードを配置します。

▼図6-22 イテレーションノードの配置

イテレーションノードの＋ブロックを追加をクリックして、ツールタブからTavily Searchツールを配置します。

Chapter 6　ツールを活用したDifyの機能拡張と外部システム連携

▼図6-23　Tavily Searchの設定

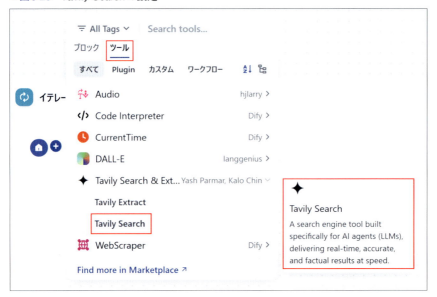

Tavily Searchでは、検索クエリを入力変数として設定する必要があります。

▼図6-24　Tavily Searchの入力変数の設定

今回は複数の検索クエリを利用したいため、イテレーションノードを利用して自動で繰り返し処理を行います。イテレーションノードの枠内では、**配列の**

要素が1つずつ処理されるという話でした（イテレーションノードについては4.4節参照）。

後ほど設定を行いますが、ここでは["検索クエリ_1", "検索クエリ_2", "検索クエリ_3"]のような配列がイテレーションノードに入力されるため、それぞれのクエリがitemという変数に格納されて繰り返し処理が行われます。そのため、ここではTavily Searchの入力変数にitemを設定しています。

これでLLMで生成したクエリが利用されて検索が行われます。Tavily Searchには他にも検索結果としていくつのサイトを取得するか、サイトの解析方法など、さまざまな設定を行うこともできます。詳しい設定方法は公式ドキュメント[注2]を参照してください。

6-2-7 » 検索精度を高めるフィルタリング処理

Tavily Searchを利用して検索を行うと、検索結果が関連スコアと共に返されます。スコアが低いものは関連性が低いため、**これらを除外する**ことでより質の高い回答が期待できます。

▼図6-25　検索結果のフィルタリング

注2　https://docs.tavily.com/

Tavily Searchの検索ロジックは公開されていませんが、スコアはChapter 5で解説したように埋め込みモデルなどを利用して算出されるのが一般的です。スコアが低いものを除外することで、回答の質を上げるだけでなく入力文章が短くなるため、コスト削減にもつながります。

　コードの詳細な理解にこだわる必要はありませんが、Tavily Searchノードの後にコードノードを配置して、次のように実装します。

```python
def main(arg1: list[dict]) -> dict:
    threshold = 0.5  # 関連性のスコアの閾値
    filtered_results = []
    
    # 検索結果を1つずつ確認
    for result in arg1[0]["results"]:
        if result["score"] >= threshold:
            filtered_result = {
                "title": result["title"],
                "url": result["url"],
                "content": result["content"],
                "score": result["score"],
            }
            filtered_results.append(filtered_result)
    return {
        "filtered_results": filtered_results,
    }
```

　このコードでは、関連度のスコアが0.5以上の結果だけを抽出しています。この閾値は必要に応じて調整できます。例えば、より厳選された情報が必要な場合は閾値を0.7に上げたり、幅広い情報を集めたい場合は0.3に下げたりすることができます。

　また、コードノードの入力変数にはTavily Searchノードのjson変数を、出力変数はfiltered_resultsとし、Array(Object)を設定します。

6-2-8 ≫ 複数の検索を同時に実行する

イテレーションノードには「パラレルモード」と呼ばれる**繰り返し処理を並列で実行する機能**があります。パラレルモードを利用すると、**繰り返し処理を同時に実行することができる**ため処理時間が短縮されます。

▼図6-26　イテレーションノードのパラレル処理

通常の処理とパラレルモードでの処理の違いは次のようなイメージです。

● 通常の実行方式：
　❶「2025年生成AIトレンド」で検索（5秒）
　❷「最新のAI生成技術アップデート」で検索（5秒）
　❸「生成AIの新しい応用事例」で検索（5秒）→ 合計15秒かかる

● パラレルモードでの実行：
　3つの検索を同時に実行 → 約5秒で完了

パラレルモードを利用するには、設定のパラレルモードをONにします。イテレーションノードの設定は、通常の場合と同様です。入力変数には**検索クエリの配列（コードノードの出力）**を指定して、出力変数には**フィルタリングされた検索結果（コードノードの出力変数）**を指定します。

またイテレーションノードでは「エラー時の動作」も設定できます。例えば、3つの検索のうち1つが失敗しても、残りの2つの検索結果は利用できるよう

にするといった柔軟な対応も可能です。

6-2-9 引用元を含めた回答生成フローの構築

最後に検索結果を利用して、言語モデルで回答を作成し、ユーザーへ出力する処理を実装します。出力を表示する際は、質問に対する回答だけでなく、**引用元を含めた回答**を表示します。

▼図6-27　検索結果をもとに回答を生成する

RAGのアプリケーションと同様に外部のデータを参照させる場合、参照したウェブサイトの情報が誤っていると、言語モデルの回答も誤ったものになる可能性があります。そのため、ユーザーが確認できるように引用元を提示するとよいでしょう。

LLMノードで、次のようなプロンプトを設定して質問に対する回答と、参考にしたページのタイトルとURLを出力するようにします[注3]。

```
以下の検索結果から、ユーザーの質問に関連する情報のみを使って回答を生成してください。
使用した情報は必ず参考情報として出力してください。

### 出力フォーマット
下記のJSON形式で出力してください。
{
    "answer": "回答本文をここに記載",
    "references": [
        {
            "title": "タイトル",
```

[注3] バージョン1.0.0の時点では、LLMノードのプロンプトで変数の挿入をする際に、イテレーションノードの出力変数が表示されず追加できないようです。GitHubで提供しているDSLファイルは正しく動作しますので、そちらをご利用ください。

```
            "url": "URL"
        }
    ]
}

### 検索結果
{{output:イテレーションノードの出力変数}}
```

上記のプロンプトを使用することで、ユーザーの質問に対する回答と引用情報を文字列として出力することができます。また、JSONモードに設定して、メモリの項目をオンにします。

続いてこれらを整形してユーザーに表示させます。現在は文字列で扱いにくいため、コードノードで型変換を行います。

▼図6-28　コードノードで型変換

```
import json

def main(llm_output: str) -> dict:
    parsed_output = json.loads(llm_output)
    return {
```

➡次ページに

```
        "answer": parsed_output["answer"],
        "references": parsed_output.get("references", []),
    }
```

次にテンプレートノードで回答と引用元を見やすく整形します。

▼図6-29　テンプレートノードの設定

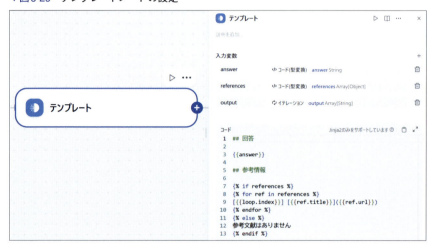

```
## 回答

{{answer}}

## 参考情報

{% if references %}
{% for ref in references %}
[{{loop.index}}] [{{ref.title}}]({{ref.url}})
{% endfor %}
{% else %}
参考文献はありません
```

{% endif %}

制御構文（if文やfor文など）を利用して引用元の数に関わらず、どのような場合にも表示できるようにしています。

最後に回答ノードで表示させることで、アプリケーションが完成します。

▼図6-30　回答ノードの設定

6-2-10 》 アプリケーションの実行と動作確認

作成したアプリケーションが正しく動作するか確認していきましょう。

▼図6-31　ウェブ検索の結果を反映した回答かを確認

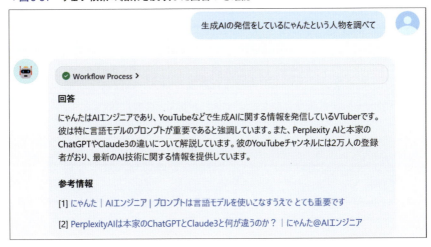

アプリケーションは複数のウェブサイトから情報を収集し、回答を生成しています。しかし、登録者数が実際とは異なっています。このようにウェブ検索を行った場合でも正確な情報ではないケースがあるため、注意が必要です。ま

た、今回言語モデルとしてgpt-4oを利用していますが、モデルの性能が低いと多くの情報を処理できない場合があります。

次に、文脈を考慮した検索ができているかを確認してみましょう。

▼図6-32　文脈情報を加味しているかを確認

「彼」という曖昧な表現が「にゃんた」に適切に変換されて、Instagramのページを参照して回答を生成しています。これは検索クエリを変換する処理を行っているためです。

以上でウェブ検索アプリの作成は完了です。フィルター処理や整形をプログラムで行う必要があり、やや複雑であったかと思います。多少ハードルはありますが、簡単なプログラムが書けると精度やコストの最適化ができるため、Difyのツールに慣れてきたらぜひチャレンジしてみてください。

6.3　Googleスプレッドシートと連携したデータ管理の基礎

これまでは画像生成やウェブ検索といったツールプラグインを活用したアプリケーションの開発方法を学習してきました。Difyではさらに、処理の過程で**外部へデータ送信を行う機能**もあります。簡単なアプリケーションを作成しながら、この機能を学んでいきましょう。

6-3-1 》 Google Apps Scriptとの連携によるデータの保存

ここではアプリケーションの実行結果をGoogleスプレッドシートに記録する方法を学んでいきます。Difyでもアプリケーション単位でログを確認することはできますが、複数のアプリケーションの実行結果を一元管理したい場合や、構造化して管理したい場合などにGoogleスプレッドシートを利用すると便利です。

▼図6-33　Googleスプレッドシート

Googleスプレッドシートは、Googleのアカウントを持っていれば無料で利用できるサービスで、Excelのようにデータを記録することができます。今回Difyのアプリケーションから、Googleスプレッドシートにデータを記録するために**Google Apps Script（GAS）**というサービスを利用します。Google Apps Scriptは簡単に言うと、Googleスプレッドシートなどの**Googleのサービスを自動で操作するプログラムを作成・実行できるもの**です。

▼図6-34　DifyとGASの連携

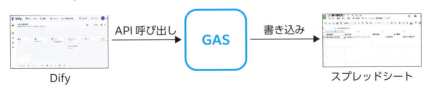

GASを利用することにより、Difyで生成された結果を自動的にスプレッドシートに記録できます。上記のフローを実現するには、大きく分けると次の2

つの作業が必要です。

- スプレッドシートへ書き込むためのプログラムの作成（GASの設定）
- Dify上からそのプログラムを呼び出すための設定

この節では、主に1つ目のスプレッドシートへ書き込むためのプログラムの作成（GASの設定）について学びます。次の節では、Difyとの連携方法を学び、システムを完成させていきます。

6-3-2 》 作成するアプリケーションの概要

具体的なアプリケーションの例として、請求書の情報を自動で抽出してスプレッドシートに記録するシステムを作成してみましょう。システムの全体像は次の通りです。

▼図6-35　請求書情報記録システムの概要

請求書　　　　　情報抽出　　　　　スプレッドシート

Difyのアプリケーションに請求書の画像をアップロードすることで必要な情報を抽出し、その結果をGoogleスプレッドシートに記録します。情報抽出の部分は4.5節で作成したアプリケーションと同じ処理のため、ここではGASとの連携方法を中心に学んでいきます。

6-3-3 》 スプレッドシートの作成と設定

Googleスプレッドシートを利用するためには、まずGoogleアカウントが必要です。アカウントは、Googleのウェブサイトから無料で作成できます。

アカウントの準備ができたら、データを記録するためのスプレッドシートを作成します。Googleの検索画面右上にあるアイコンから「スプレッドシート」

を選択してください。

▼図6-36　スプレッドシートを選択

スプレッドシートの管理画面が表示されます。

▼図6-37　スプレッドシートの作成

＋マークをクリックして、新しいスプレッドシートを作成します。

▼図6-38　新規スプレッドシートの画面

これでスプレッドシートの作成は完了です。

6-3-4 》 Google Apps Scriptのプログラムの実装

次にスプレッドシートにデータを書き込むためのGASのプログラムを作成します。これは主にDifyのアプリケーションから送られてきたデータをどのようにスプレッドシートに追加するかを決めるために必要な実装となります。

先ほど作成したスプレッドシートの画面上部にある拡張機能メニューからApps Scriptを選択してください。

6.3 Googleスプレッドシートと連携したデータ管理の基礎

▼図6-39　拡張機能からApps Scriptを選択

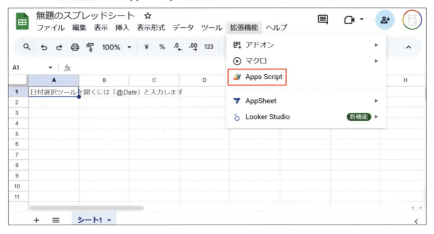

GASのプログラム編集画面が開きます。

▼図6-40　GASエディタ

GASでは、**JavaScript**をベースとした**専用の言語**でプログラムを記述します。プログラミングの詳細な説明は本書の範囲を超えるため、次のコードをコピーして使用してください。このコードはGitHubのリポジトリ[注4]にもアップロードしていますので、そちらからも入手可能です。

```
/**
 * POSTリクエストを処理し、請求書データをスプレッドシートに登録します
```
➡次ページに

注4　https://github.com/nyanta012/dify-book

```
 * HTTPステータスコードは常に200を返します
 * 処理結果はレスポンスボディのstatusフィールドで判断してください
 */

function doPost(e) {
  try {
    const postData = JSON.parse(e.postData.contents);
    add_sheet(postData);
    return createResponse(200, "Successfully added");
  } catch (error) {
    return createResponse(400, error.message);
  }
}


/**
 * スプレッドシートに請求書データを追加します
 * シートが空の場合はヘッダーを追加し、データは新しい行として追加されます
 */
function add_sheet(data) {
  const sheet = SpreadsheetApp.getActiveSpreadsheet().↵
getActiveSheet();
  const headers = ["請求番号", "取引先名", "請求金額", "支払期限"];

  // ヘッダーの確認と追加
  if (sheet.getLastRow() === 0) {
    sheet.getRange(1, 1, 1, headers.length).setValues([headers]);
  }

  // データを配列に変換
  const rowData = headers.map(header => data[header] || "");

  // 新しい行にデータを追加
```

```
  const nextRow = sheet.getLastRow() + 1;
  sheet.getRange(nextRow, 1, 1, headers.length).setValues ⏎
([rowData]);
}


/**
 * APIレスポンスを生成します
 */
function createResponse(status, message) {
  return ContentService.createTextOutput(JSON.stringify({
    status: status,
    message: message
  })).setMimeType(ContentService.MimeType.JSON);
}


/**
 * APIの動作確認用のテスト関数です
 * 正常系のテストケースを実行します
 */
function test_add_sheet() {
  const testData = {
    "請求番号": "INV-001",
    "取引先名": "テスト株式会社",
    "請求金額": "100000",
    "支払期限": "2024-12-31"
  };

  const testEvent = {
    postData: {
      contents: JSON.stringify(testData)
    }
  };
```

➡次ページに

```
  const response = doPost(testEvent);
  Logger.log(response.getContent());
}
```

このプログラムの簡単な説明は次の通りです。

- doPost：外部（Difyのアプリケーションなど）からのリクエストを受け付ける入口となる関数
- add_sheet：データをスプレッドシートに追加する処理を行う関数
- createResponse：処理結果をレスポンスとして作成する関数
- test_add_sheet：動作確認用のテスト関数

このプログラムの役割はシンプルで、データが記録されている最終行の次の行に新しいデータを追加するものです。プログラムに関して不明な点がある場合や、カスタマイズしたい場合はChatGPTなどに相談すると解決できるかと思うのでぜひ試してみてください。

プログラムを貼り付けたら、まずは動作確認（デバッグ）を行います。GASの編集画面にはデバッグ機能が備わっています。プログラムを貼り付けた後、Ctrl + S（Macの場合はCommand + S）で保存すると、画面上部のデバッグボタンが有効になります。

▼図6-41　デバッグ機能で動作を確認

6.3　Googleスプレッドシートと連携したデータ管理の基礎

　実行する関数としてtest_add_sheetを選択し、デバッグを実行します。初回実行時は認証画面が表示されます。

▼図6-42　認証設定

　詳細をクリックし、続けて無題のプロジェクトに移動を選択します。この認証により、先ほど記述したプログラムを実行することでGoogleスプレッドシートに書き込むことができるようになります。

▼図6-43　連携許可画面

　実行が成功すると、次のようなログが表示されます。

295

▼図6-44　デバッグ結果

スプレッドシートを開くと、テストデータが正しく追加されていることが確認できます。

▼図6-45　スプレッドシートの確認

これでGASプログラムの設定は完了です。最後にスプレッドシートの名前をわかりやすいものに変更しておくと、後々の管理がしやすくなります。

6-3-5 》 ウェブサービスとしての公開手順

続いて作成したプログラムをウェブサービスとして公開して、Difyから呼び出せるようにします。エディタ画面上部のデプロイボタンをクリックし、新しいデプロイを選択します。

6.3 Googleスプレッドシートと連携したデータ管理の基礎

▼図6-46 新しいデプロイを選択

表示される画面で種類の選択をクリックし、ウェブアプリを選択します。

▼図6-47 ウェブアプリを選択

続いて説明文やアクセスできるユーザーの設定を行います。
設定画面で次の項目を入力します。

- 説明文：プログラムの用途がわかる説明
- 実行ユーザー：自分のアカウントを選択
- アクセスできるユーザー：「全員」を選択

▼図6-48　各種設定画面

デプロイボタンをクリックすると、ウェブアプリのURLが発行されます。

▼図6-49　アクセス情報の確認

このURLは、Difyからプログラムを呼び出す際に必要となります。URLはデプロイ→デプロイを管理で、後からでも確認できます。

以上で、Dify上のアプリケーションからスプレッドシートへ書き込むための準備が完了です。次の節では、このURLを使ってDifyからプログラムを呼び出し、実際のアプリケーションを完成させていきます。

> ⚠️ **注意点**
> 上記の権限でGASをウェブアプリとして公開する場合、デプロイ後に発行されるURLを知っている人は誰でもプログラムにアクセスできます。そのため、社内情報を扱う場合などはURLの取り扱いに注意が必要です。本番環境で使用する場合は、アクセス制限やAPI認証などの適切なセキュリティ対策を検討してください。

6.4　DifyとGoogleスプレッドシートの連携

前節では、GASとGoogleスプレッドシートの基本設定を行いました。続いてDifyから実際にデータを送信し、自動でスプレッドシートに記録するアプリケーションを作成していきましょう。

6-4-1 》 スプレッドシート連携アプリの設計

今回作成するアプリケーションでは、請求書の画像から抽出した情報をGoogleスプレッドシートに記録します。ワークフローのアプリタイプを選択して、名前を「請求書情報記録アプリ」と設定します。

▼図6-50　ワークフローのアプリタイプを選択し、名前を設定

ノードの全体構成は次のようになります。

▼図6-51　アプリ全体のノード構成

　請求書の画像から情報を抽出する処理は、4.5節で作成したものと同様です。ここでは抽出したデータをGoogleスプレッドシートに記録する部分を中心に解説します。

6-4-2 》 画像からテキストを情報抽出する

　まずはユーザーがアップロードした請求書の画像から、情報抽出を行う部分を実装します。

6.4 DifyとGoogleスプレッドシートの連携

▼図6-52　画像から情報を抽出

　開始ノードではimage変数を設定して画像を受け付け、LLMノードではJSONモードを使用して請求書から必要な情報（請求番号、取引先名、請求金額、支払期限）を抽出します。プロンプトの設定などは4.5節と同様のため、ここでは割愛します。

6-4-3 》 HTTPリクエストの概要

　次にLLMが抽出した請求書の情報をGoogleスプレッドシートに送信する処理を実装します。外部へのデータのやり取りはHTTPリクエストノードを利用します。

▼図6-53　HTTPリクエストノードの選択

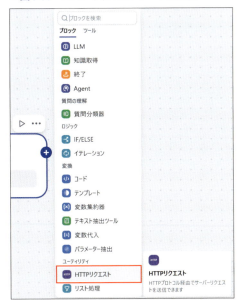

HTTPとはインターネットを通じてデータをやり取りする際の通信方式のことです。

▼図6-54　HTTPリクエスト

　私たちが普段ウェブブラウザでウェブサイトを閲覧する際も、ブラウザは「このページを表示したい」というHTTPリクエストをサーバーに送信し、サーバーから返されたデータ（レスポンス）を表示しています。

　Difyでは、このHTTPリクエストを送るためのノードが**HTTPリクエストノード**として用意されています。今回のケースでは、LLMノードで抽出した請求書の情報を、HTTPリクエストノードを使用してGASのプログラムを実行するサーバーに送信します。

6-4-4 》 HTTPリクエストノードの設定

　それではHTTPリクエストノードでデータをGASのサーバーに送信する設定を行います。

▼図6-55　HTTPリクエストノードの設定

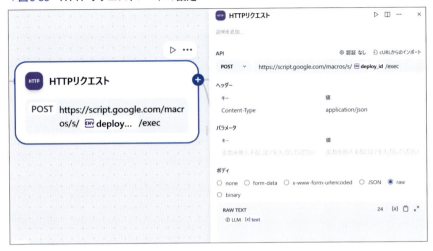

　ここでは次の項目を設定します。

- URL：データの送信先です。ここには前節で取得したGASのウェブアプリの URLを設定します。URLの一部（deploy_id）は環境変数（後述）として設定しています。
- メソッド：データの送り方を指定します。GETやPOSTなどがあり、GETはデータの参照や取得、POSTはデータの作成や更新などで使用されることが多いものです。今回はスプレッドシートに新しいデータを追加するためPOSTを選択します。
- ヘッダー：送信するデータの形式を示します。今回はデータをJSON形式で送信するため、Content-Typeにapplication/jsonを指定します。
- ボディ：実際に送信するデータの内容です。LLMノードの出力を特別な加工なしで送信できるため、rawを選択し、LLMノードの出力を指定します。

6-4-5 ≫ 環境変数の活用

　URLはdeploy_idという**環境変数**を利用して設定を行います。環境変数は、パスワードやURLなど**変更する可能性がある変数を別途管理する仕組み**です。

例えば、新しいスプレッドシートの利用でURLが変更になった場合、変更箇所が環境変数にまとまっていると、変更する際の認知負荷が下がり、メンテナンス性が向上します。

また、セキュリティの観点でも環境変数を利用するメリットがあります。例えば今回の場合、URLやパスワードなどを直接ワークフローに記載してしまうと、アプリケーションを共有した際にこれらの情報も流出してしまうリスクがあります。環境変数として設定しておくことで、安全に設定ファイル（DSLファイル）を共有することが可能となります。

環境変数の設定は、右上のENVの＋ 環境変数を追加から行います。

▼図6-56　環境変数の設定

GASのデプロイIDを環境変数として設定します。タイプはSecretを選択します。これによりDSLファイルで共有する際に、値を非表示にすることができます。値は、前節でGASをデプロイした際に取得したデプロイIDを設定します。

6.4 DifyとGoogleスプレッドシートの連携

▼図6-57　デプロイIDの取得

　環境変数を設定したら、HTTPリクエストノードに環境変数を含めたURLを設定します。GASのWebアプリのURLにはデプロイIDが含まれているため、次のように環境変数を参照してURLを記述します。

▼図6-58　URLの設定

　これで環境変数を使ったURLの設定は完了です。今後異なるスプレッドシートと連携する場合などは、環境変数の値を変更するだけで簡単に切り替えることができます。

6-4-6 》 レスポンス処理の実装

　続いてHTTPリクエストノードを実行して得られた結果を処理する実装を行います。

▼図6-59　レスポンスの処理

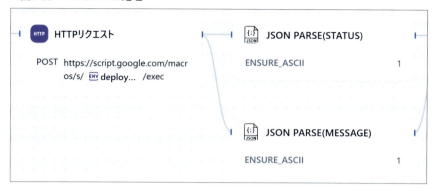

　HTTPリクエストを送信すると何らかの応答（レスポンス）が返ってきます。このレスポンスを適切に処理することで、データの保存が成功したのか失敗したのかをユーザーに伝えることができます。

　例えば、私たちがウェブブラウザでウェブサイトを閲覧するときも、「このページを見せてください」というリクエストに対して、ページが存在しない場合は404のエラーが返ってきます。今回のケースでも同様に、GASに対して送ったリクエストに関してレスポンスが返ってくるため、それを処理する必要があります。

　今回リクエストを送った際に返ってくるレスポンスは次のようなものとなります。

```
{
    "status": 200,
    "message": "Successfully added"
}
```

　statusは処理が成功したかどうかを示す数値（200は成功）で、messageは処理結果の説明文です。このレスポンスの内容に応じて、ユーザーに適切なメッセージを表示させます。

　レスポンスから必要な情報を取り出すために、JSON Processというツールプラグインを使います。このツールを使うと、**JSON形式のデータから特定**

の値を簡単に取り出すことができます。例えば、上記のレスポンスで200や
Successfully addedというメッセージを取り出すためにJSON Processを利
用します。

　JSON Processを利用するにはインストールが必要です。ツール画面から
JSON Processをインストールします。

▼図6-60　JSON Processのインストール

　JSON Processをインストールしたら、ノードの追加でツールタブからJSON
Parseを選択します。

▼図6-61　JSON Parseの選択

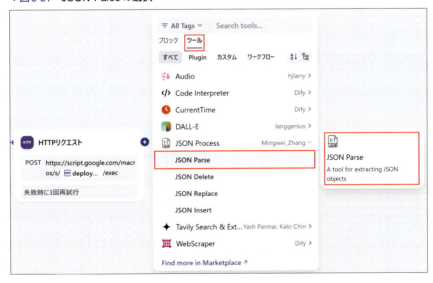

　JSON Parseでは、入力変数にHTTPリクエストノードのレスポンス（body）
を設定し、取り出したい値（statusやmessage）をJSON filterに指定するだ
けです。statusとmessageはそれぞれ別々のJSON Parseツールで取り出す

必要があります。

▼図6-62　JSON Parseの設定

なお、同様の処理は**コードノードでも実現できます**。取り出したい値が多い場合は、コードノードを使うほうが見通しがよくなるかもしれません。ここでは使い方の学習も兼ねてJSON Parseを使用しています。

6-4-7 » 処理結果の表示設計

続いて取り出したstatusの値に応じて、適切なメッセージを表示するようにテンプレートノードを設定します。

▼図6-63　表示処理

ウェブサービス間でデータのやり取りを行う際、処理が成功したのか失敗したのかを示す**HTTPステータスコード**というものがあります。これは3桁の数字で処理結果を表現するもので、例えば次のようなものがあります。

- 200番台：処理成功（OK）

- 400番台：クライアント側のエラー（入力データが間違っているなど）
- 500番台：サーバー側のエラー（システムの不具合など）

ブラウザで存在しないページにアクセスしたときに表示される「404 Not Found」は、このHTTPステータスコードの1つです。

通常、ウェブAPIではこのHTTPステータスコードを使って処理結果を返します。ただし、現在のGASの仕様では常に200（成功）が返されるため、先ほど設定したGASプログラムでは、独自のstatusパラメータを設定して処理結果を判断できるようにしています。

テンプレートノードではこのstatusの値を利用して表示分けを行います。

▼図6-64　テンプレートノードの設定

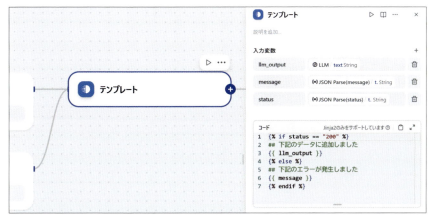

```
{% if status == "200" %}
## 下記のデータに追加しました
{{ llm_output }}
{% else %}
## 下記のエラーが発生しました
{{ message }}
{% endif %}
```

これにより、処理が成功した場合はスプレッドシートに保存されたデータを

表示し、失敗した場合はエラーメッセージを表示します。最後にテンプレートノードの出力を終了ノードで設定すれば、アプリの完成です。

6-4-8 》アプリケーションの実行と動作確認

それでは作成したアプリケーションを実際に動かしてみましょう。請求書の画像をアップロードすると、次のような処理結果が表示されます。

▼図6-65 アプリケーションの実行結果

下記のデータに追加しました

```
{
"請求番号": "INV-20241127-001",
"取引先名": "株式会社わんたソリューションズ",
"請求金額": "4,620,000",
"支払期限": "2024年12月27日"
}
```

データの送信が成功し、抽出された請求書の情報（請求番号、取引先名、請求金額、支払期限）が正しく処理されたことが確認できます。

実際にGoogleスプレッドシートを確認すると、新しい行にデータが追加されているのが確認できます。

▼図6-66 スプレッドシートにデータが追加された

	A	B	C	D	E	F
1	請求番号	取引先名	請求金額	支払期限		
2	INV-001	テスト株式会社	100000	2024-12-31		
3	INV-20241127-001	株式会社わんたソリューションズ	4,620,000	2024年12月27日		
4						

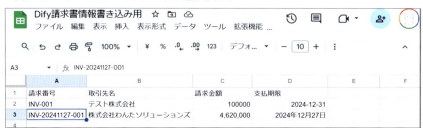

これで、言語モデルで生成した結果を外部のシステムに自動で保存できるようになりました。今回はGoogleスプレッドシートとの連携を例に実装しましたが、この方法は他のシステムでも応用できます。ぜひ、皆さんのアプリケー

ションでも活用を検討してみてください。

6.5 再利用可能なカスタムツールの作成と活用

前節では、HTTPリクエストノードを利用してGoogleスプレッドシートにデータを記録する方法を学びました。本節では、先ほどのHTTPリクエストノードを再利用可能な「カスタムツール」として実装する方法を学んでいきます。

6-5-1 》 カスタムツールによる外部連携の基礎

カスタムツールは、HTTPリクエストノードの設定を「ツール」としてパッケージ化することができる機能です。例えば、前節で作成したGoogleスプレッドシートへのデータ追加処理を考えてみましょう。

▼図6-67 HTTPリクエストノード

HTTPリクエストノードを使う場合、開発者は技術的な設定（URL、メソッド、ヘッダー、データ形式など）を毎回行う必要があります。これらの設定は、開発時には理解していても、時間が経つと「どのパラメータをどの形式で送ればよかったのか？」と迷うことがあります。また、チームで開発している場合、これらの設定方法を共有・維持するのも手間がかかります。

カスタムツールを使うと、こうした技術的な詳細を隠蔽し、シンプルな形で外部サービスを利用できるようになります。主なメリットをまとめると次の通りです。

● **再利用性の向上：**
- 一度作成したツールを複数のアプリケーションで使い回せます
- チーム内で仕様を共有して標準的なツールとして使えます

● **保守性の向上：**
- URLや認証情報などの設定を一元管理できます
- APIの仕様変更があっても、ツールの定義だけを修正すればすべてのアプリケーションに反映されます
- 仕様が明確に文書化されるため、後からの修正もスムーズです

● **使いやすさの向上：**
- 複雑な技術的設定を隠蔽し、パラメータの設定だけで外部サービスと連携できます
- 入力規則や型チェックなども自動化できます

特に多くのアプリケーションを開発・保守していく場合や、チームでの開発を行う場合には、こうした仕組みづくりが重要になってきます。

6-5-2 》 請求書データ登録ツールの開発

ここでは、前節で作成したアプリのHTTPリクエストノードをカスタムツールに置き換える方法を学びます。それ以外の処理は6.4節と同じです。アプリの全体像は次の通りです。

6.5 再利用可能なカスタムツールの作成と活用

▼図6-68　アプリ全体のノード構成

6-5-3 》カスタムツールの作成

カスタムツールはDifyのツール画面から作成します。

▼図6-69　カスタムツールの作成

カスタムツールの作成には、**外部システムとデータをやり取りする際の詳細を記述する必要**があります。例えば、次のような内容です。

- どんなデータを送ればよいのか（例：請求番号、取引先名など）
- どんな形式でデータを送るのか（例：テキスト、数値など）
- 処理が成功/失敗したときに何が返ってくるのか

これらの仕様は「OpenAPI形式」と呼ばれる形式で記述します。「OpenAI」と名前が似ていますが、OpenAPIは**外部のシステムとのやり取りを記述するための標準フォーマット**のことを指しています。

今回作成するツールのOpenAPIは次の通りです。

```
openapi: 3.0.0
info:
  title: 請求書データ登録 API
  description: Google Apps Script を使用して請求書データを ↗
```

➡次ページに

313

```yaml
スプレッドシートに登録するAPI
servers:
  - url: https://script.google.com/macros/s/図6-57で取得した ⤴
デプロイID(ご自身の環境に合わせてください)/exec
paths:
  "":
    post:
      operationId: registerInvoice
      summary: 請求書データの登録
      description: 請求書データをスプレッドシートに登録します
      requestBody:
        required: true
        content:
          application/json:
            schema:
              $ref: '#/components/schemas/InvoiceData'
      responses:
        '200':
          description: リクエスト処理完了（成功・エラー共通）
          content:
            application/json:
              schema:
                $ref: '#/components/schemas/Response'
components:
  schemas:
    InvoiceData:
      type: object
      properties:
        請求番号:
          type: string
          example: "INV-001"
        取引先名:
```

```yaml
          type: string
          example: "テスト株式会社"
        請求金額:
          type: string
          example: "100000"
        支払期限:
          type: string
          example: "2024-12-31"
  Response:
    type: object
    properties:
      status:
        type: integer
        description: 200=成功、400=エラー
        example: 200
      message:
        type: string
        example: "Successfully added"
```

　この仕様書は、前節で作成したGASのウェブアプリに対応しています。OpenAPIの詳細な記述方法は本書の範囲を超えるため割愛します。GitHubのリポジトリやDSLファイル（アプリケーションの中のメモ）[注5]で公開しているので、必要に応じてそちらをご利用ください。

　上記を利用する際、deploy_idの部分は環境により異なる値となるため、ご自身の環境のものに書き換えてください。

　ツールの名前を設定して保存を押すと、カスタムツールの作成は完了です。

注5　https://github.com/nyanta012/dify-book

▼図6-70　カスタムツールの設定

　一見複雑に見えるかもしれませんが、一度このように定義しておくと、後からツールを使う人が「どんなデータを送ればよいのか」「どのようなレスポンスが返ってくるのか」を明確に理解できるようになります。また、自分で書くのが難しい場合は必要な情報を入力した上で、ChatGPTなどの言語モデルに「OpenAPI形式で書いてください」と依頼することで、OpenAPI形式の記述をサポートしてもらうこともできます。

6-5-4 》 アプリケーションでの活用

　上記でカスタムツールを作成したので、それを使ってアプリケーションを作成します。ただし、多くの部分が前節と同じため、ここでは**アプリケーションの複製機能**を利用しましょう。アプリケーションの複製はスタジオ画面から対象のアプリケーションの…をクリックし、複製を選択します。

6.5 再利用可能なカスタムツールの作成と活用

▼図6-71 アプリ複製

これで元のアプリケーションとまったく同じ設定のアプリケーションが作成されます。新しく作成されたアプリケーションのHTTPリクエストノードをカスタムツールに置き換えていきます。

▼図6-72 カスタムノードの使用

HTTPリクエストノードではLLMノードの出力をそのまま利用できましたが、カスタムツールでは、**入力として送信したい値のみを設定する必要**があります。やや手間ですが、LLMの出力をコードノードで型変換し、値を抽出しやすくします。

```python
# コードノードの内容
import json


def main(llm_output: str) -> dict:
    parsed_json = json.loads(llm_output)
```

➡次ページに

317

```
    return {
        "invoice_number": parsed_json["請求番号"],
        "company_name": parsed_json["取引先名"],
        "amount": parsed_json["請求金額"],
        "due_date": parsed_json["支払期限"],
    }
```

コードでは次のような処理を行っています。

- json.loads(llm_output)：LLMノードの出力文字列をJSON形式として解析
- return {...}：カスタムツールが期待する形式に変換して返却

各出力変数も設定する必要があります。

▼図6-73　コードノード

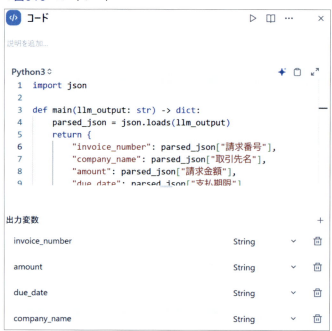

6-5-5 » カスタムツールの設定

続いてカスタムツールの設定です。OpenAPIで入力項目を定義済みのため、**各項目に対応する変数を設定するだけで完了となります。**

▼図6-74　カスタムツールの設定

前節でHTTPリクエストノードを利用したときは、設定項目が多くて大変でしたが、カスタムツールでは、**何を入力すればよいかが明確**です。

この後は前節と同様にJSON Parseでツールからの応答を解析し、テンプレートノードで表示を整形します。

6-5-6 » アプリケーションの動作確認

アプリケーションを実行してみると、正常にスプレッドシートにデータが登録されることが確認できます。

▼図6-75 アプリの実行

　以上で、カスタムツールを活用した請求書データの自動登録アプリの実装が完了しました。

6-5-7 》 カスタムツールとHTTPリクエストノードの使い分け

　「カスタムツールを作るべきか、それともHTTPリクエストノードを使うべきか」は、プロジェクトの状況に応じて判断が異なります。

● カスタムツールが適している場合
- 同じ連携処理を複数のアプリケーションで使い回す場合
- チームで共通の機能として使用する場合
- APIの使い方を統一したい場合

● HTTPリクエストノードが適している場合
- 一時的な検証や実験的な連携を行う場合
- 特定のアプリケーションでのみ使用する場合
- より柔軟な設定が必要な場合

　特にチーム開発の場合や、同じような連携処理を何度も実装する可能性がある場合は、最初は少し手間でもカスタムツール化を検討する価値があります。

　以上が、カスタムツールを使用したアプリケーション開発の基本です。OpenAPI仕様の記述は難しく感じるかもしれませんが、一度作成してしまえば「必要な変数を設定するだけ」で外部サービスと連携できるようになります。Difyの操作に慣れてきたら、ぜひカスタムツール作成に挑戦してみてください。

Chapter 7
AIエージェントを活用したアプリケーション開発

- **7.1** AIエージェントの基本
- **7.2** AIエージェントを活用した基本アプリ
- **7.3** AIエージェント導入の考え方

Chapter 7　AIエージェントを活用したアプリケーション開発

7.1　AIエージェントの基本

　ChatGPTのような対話型チャットサービスの次の発展形として、**AIエージェント**という技術が注目を集めています。DifyでもAIエージェントの機能を搭載したアプリケーションを開発することができます。このChapterでは、まずAIエージェントとは何なのかという基本概念を解説し、続いて簡単なアプリケーションを作成しながらAIエージェントの基本を学んでいきましょう。

7-1-1　》　AIエージェントとは？

　AIエージェントについては、専門家の間でさまざまな解釈があり、統一された定義は確立されていません。一般的には、AI技術を活用して**特定の目標を達成するために環境を認識し、自律的に行動を選択・実行するソフトウェアプログラム**のことを指します。

　例えば、自動運転システムを考えると、目的地まで安全に到達するという目標のもと、常に周囲の道路状況や他の車両の動きを監視します。そして、収集した情報をもとに、アクセルやブレーキの操作を自律的に判断し、適切なタイミングで実行することで運転を行います。従来のシステムとの違いとして、AIエージェントは人間が達成したい目標をシステムに与えるだけで、**目標達成までの過程はAIが自律的に判断・実行してくれる**ことが期待されています。

▼図7-1　自動運転システム

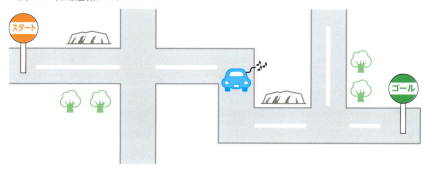

7-1-2 》 生成AIの台頭におけるAIエージェント

現在、生成AIの分野で特に注目を集めているのは、**言語モデルやマルチモーダルなモデルを活用して環境を認識し、自律的な判断を行うAIエージェント**です。

例えば、OpenAIからは**Operator**[注1]という、ウェブブラウザを通じて特定のタスクを自動的に実行するAIエージェントがリリースされました。

▼図7-2　Operator

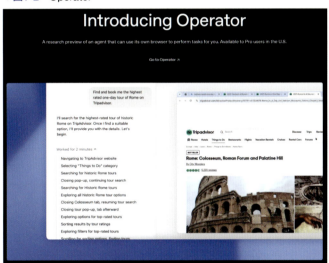

Operatorを使えばユーザーが食べたいものを入力するだけで、AIが自動でウェブブラウザを操作して、レストランを予約したり、ECサイトを通じて商品を注文したりすることが可能となります。これまでもRPAツールなどでウェブブラウザの操作を自動化することは可能でしたが、ウェブサイトのデザインや構造が変化すると、その都度スクリプトの更新や作り直しが必要になっていました。

一方で、生成AIを基盤としたAIエージェントであれば、**ウェブブラウザの画面を認識し、その都度必要な操作を判断する**ことができます。そのため、ウェブサイトのデザインが変化しても、目的を達成するために必要な操作を柔軟に

注1　https://openai.com/index/introducing-operator/

判断できるという強みがあります。

7-1-3 》 AIエージェントの基本技術

　AIエージェントの技術を利用したアプリケーションには、完全に自律的にタスクを行うものから、何度も人間に確認を取りながらタスクを行うものまで、さまざまなタイプが存在します。これらのAIエージェントに共通するのは、**外部のシステムやツールとの連携が不可欠である**ということです。その連携を実現する代表的な技術がFunction Calling/Tool useです。

》 Function Calling/Tool useとは?

　Function Calling/Tool useは、**ユーザーの入力を分析して必要なツールを自動で選択し、そのツールを実行するために適切なパラメータを抽出する技術**です。

▼図7-3　Function Calling/Tool useのイメージ

　例えば、ユーザーが「にゃんたって誰？」と入力した場合、言語モデルが学習した知識だけでは正確な回答を生成するのは困難です。その際に、**ウェブ検索ツール**などを設定しておくと、AIは自動でそのツールを実行するためのパラメータを生成してくれます。例えばウェブ検索ツールを利用する場合は、**検索クエリ**が必要であるため、言語モデルはユーザーの入力（にゃんたって誰？）から「**にゃんた 特徴**」などの検索クエリを生成してくれるイメージです。後はこのクエリを利用してプログラムを実行すれば、ウェブ検索の結果を反映した回答を生成できるようになります。

　このようにFunction Calling/Tool useは、ユーザーの入力に基づいて適切

なツールを選び出し、必要なパラメータを抽出する機能を提供します。大事なポイントとして、この機能は**プロンプトの中にツールの情報を記載する**というシンプルな仕組みで実現されています。具体的には、先ほどのウェブ検索ツールのケースであれば、そのツールが「どのような機能を提供しているのか」ということや、「必要なパラメータが何か」などの情報をプロンプトに記載しておく必要があります。Difyの組み込みツールなどでは、これらが標準で設定されていますが、自分でツールを作ったり、RAGなどをAIエージェントに組み込む場合は、自身で記述する必要があります。

》 AIエージェントは繰り返し実行が可能

AIエージェントは**複数回のステップ**でタスクを行うことも可能です。

▼図7-4　複数回の呼び出し

通常の言語モデルのアプリケーションでは、実行した結果を人間が見て次にどのようなアクションを行うべきかを判断します。一方でAIエージェントのアプリケーションでは、**実行結果をAIが自ら評価し**、**次に必要なアクションを自律的に判断・実行**することができます。これは現在のAIには環境を認識する能力があり、何かを実行した結果を評価することができるためです。

先ほどのウェブ検索の例を考えると、一度の検索結果で不十分だと評価できる場合は、再度検索を行うというイメージです。この自律性の高さがAIエージェントの強みですが、**あくまでも生成AIを利用しているため**、**時には不要な繰り返し処理を行うこともあります**。そのため、AIエージェントの開発を行う場合は、一般的に**最大繰り返し回数**を設定します。

7.2 AIエージェントを活用した基本アプリ

実際に簡単なAIエージェントのアプリケーションを作成して、どのような仕組みで動いているかを理解していきましょう。

7-2-1 ≫ AIエージェントアプリの概要

ここではRAGとウェブ検索が行えるAIエージェントのアプリケーションを作成します。

▼図7-5　AIエージェントアプリの概要

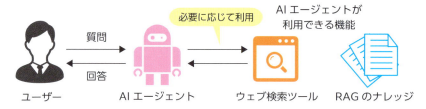

これまで作成したRAGとウェブ検索機能を持つアプリケーションでは、**事前にどのような順番で何を実行するか**を細かく決めていました。AIエージェントのアプリケーションでは、実行するツールなどは**AIに判断させる**ことが可能です。

7-2-2 ≫ エージェントアプリ作成の基本

エージェントのアプリタイプを選択し、「AIエージェント」という名前でアプリケーションを作成します。

7.2 AIエージェントを活用した基本アプリ

▼図7-6　エージェントのアプリタイプを選択し、名前を設定

エージェントのアプリタイプでは、**プロンプト、ツール、コンテキスト（RAGで利用するナレッジ）の設定**を行います。

▼図7-7　エージェントの設定

7-2-3 ≫ エージェントが利用できる機能の設定

最初にエージェントがRAGを行えるようにするために、コンテキストの設定を行います。ここでは にゃんたについて.txt というテキストファイルをナレッジとして作成し、コンテキストとして追加します。ファイルがない場合は、GitHubのリポジトリ[注2]からダウンロードしてください。ナレッジの作成方法が不明な場合は5.2節をご参照ください。

コンテキストは ＋追加 ボタンから設定可能です。

▼図7-8 ナレッジの追加

続いてツールを設定します。ツールは6.2節で使用したウェブ検索ツールのTavily Searchを利用します。こちらも既にインストール済みであれば、ツールの ＋追加 ボタンから選択するだけで設定可能です。インストール方法などに関しては6.2節をご参照ください。

▼図7-9 ツールの追加

注2　https://github.com/nyanta012/dify-book

最後にコンテキストやツールを繰り返し利用する際の**最大試行回数**を設定します。右上の<u>エージェント設定</u>ボタンから変更可能です。

▼図7-10　最大試行回数の設定

こちらは前節で学習した通り、エージェントが問題解決のために**ツールを繰り返し呼び出す際の上限回数**です。この設定により、無限ループの防止やコスト制御が可能になります。今回は初期状態の「5」のままで進めます。

7-2-4 ≫ アプリの動作確認

設定が完了したら、右側のデバッグ画面で何か入力してみましょう。

▼図7-11　チャットの実行

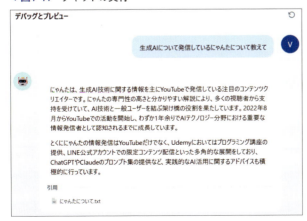

RAGを引用して回答を生成していることがわかります。続けて最新の情報について聞いてみましょう。

▼図7-12　最新情報のチャット

今度はRAGとウェブ検索を両方利用して回答を生成しています。どのようなプロセスで回答を生成しているのかは、**エージェントログ**から確認することができます。

▼図7-13　ログの確認

このようにエージェントのアプリケーションでは、ステップごとにツールまたはコンテキストなど、事前に設定したものが自動で選択・実行され、回答が生成されます。もちろん、これらの利用が不要な場合は使用されずに自然な返答文が生成されます。

7-2-5 》 AIエージェントの仕組みの確認

言語モデルがツールの選択・実行を行えるのは**プロンプトにツールやデータセットの情報が設定されている**ためです。

▼図7-14　ツールの情報

コンテキストとして設定したナレッジはデータセットという形で言語モデルのプロンプトに含まれます。この情報と、ユーザーの入力が一緒に言語モデルに入力されるため、言語モデルはツールの選択や適切なパラメータの生成を行うことができます。

一方で、上記の仕組みを考えるとチャットのたびにツールの情報などがすべて入力されるため、ツールが増える分だけ**入力文字数**が**増加して**コストが高くなる**ことがわかります。そのため、ツールなどを設定する際は、必要なもののみ設定するほうがよいでしょう。

またツールが増えると、適切なツールを選択する難易度が上がります。例えば、ウェブ検索をしてほしい場面でRAGを行うなど、**意図していない使い方をされるリスクが上がる**ことも理解しておくとよいでしょう。

7-2-6 》 ナレッジの検索クエリの設定

Difyに標準で用意されている組み込みツールでは、ツールやパラメータの説明が記載されていますが、カスタムツールやコンテキストは自分で書くことができます。これらはプロンプトに入力されるため、**簡潔でわかりやすく記載する**ことが重要です。

▼図7-15　検索クエリの設定

　ナレッジの説明欄には、検索クエリの作成方法なども記述しておくことが可能です。

▼図7-16　ナレッジの設定

　上記の設定でテスト入力をした後、どのような検索クエリが利用されたかは、ナレッジの検索テスト画面から確認できます。

▼図7-17　ナレッジのテスト画面

　ナレッジの検索テスト画面から確認すると、5個のクエリを利用してRAGを行っていることがわかります。また、データセットの簡単な説明を記載することにより、適切なデータセットの選択と検索クエリの生成が期待できます。

　アプリケーションごとに条件を設定したい場合は、アプリ開発画面のプロンプト設定欄に記載してもよいでしょう。

▼図7-18　プロンプトの設定

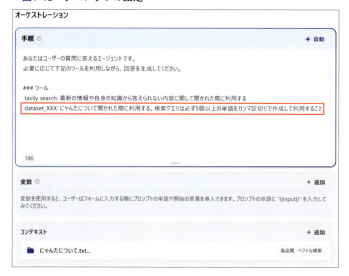

ただし、プロンプトの内容が必ずしも毎回反映されるとは限りません。より確実な方法としては、これまでのアプリケーション開発で学んだように明示的に言語モデルを利用してクエリを作成する方法があります。

このような仕組みは、カスタムツールを作成する際も同様です。エージェントアプリで独自のツールやナレッジを使用する際は、これらの設定を意識する必要があります。

7.3 AIエージェント導入の考え方

7-3-1 》 AIエージェントが適しているタスク

AIエージェントは、与えられた目標に向かって**自律的に考えながらタスクを進められる**という特徴があります。この性質はさまざまな分野で活用できますが、特に**探索的なアプローチ**が必要なタスクで有用です。探索的なアプローチが必要なタスクとは、最初から明確な手順が定まっていない状況で、途中経過を確認しながら次のステップを決定していく必要がある作業です。

情報収集などは探索的なアプローチが必要なタスクの典型例です。この特徴を活かしたアプリケーションとして、OpenAIやGoogleはDeep Researchと呼ばれるエージェントのアプリケーションを提供しています[注3]。

注3 https://openai.com/index/introducing-deep-research/
　　 https://gemini.google/overview/deep-research/

▼図7-19　Deep Research（画面はOpenAIのもの）

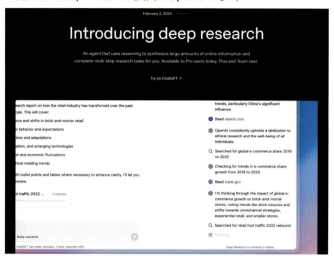

　これらのサービスでは、ユーザーが指定したテーマについて、ウェブ検索を繰り返しながら情報を収集・分析し、包括的なレポートを作成します。単純に一度検索して得た情報をまとめるだけでなく、前のステップでの検索結果に基づいて新たな調査項目を見出し、さらに深く掘り下げていくことができます。

　同様に、プログラミング分野でも探索的アプローチが効果的であり、Cline[注4]のようなサービスが注目を集めています。Clineでは、コードを生成・実行し、発生したエラーを検出して、修正を行うというサイクルを自動的に繰り返すことで、ソフトウェアの開発を効率化します。

注4　https://cline.bot/

▼図7-20 Cline

　これらの探索的なアプローチが成功するためには、**各ステップごとに目標が達成できたかを正しく評価できること**が重要です。特にプログラミングの場合は、コードを実行することで客観的な実行結果が得られるため、AIエージェントの探索的なアプローチが効果的に機能すると言えます。

7-3-2 ≫ AIエージェントの問題点

　一方でAIエージェントは、**出力の一貫性**と**コスト**の面で課題があります。AIエージェントは各ステップで認識・判断・実行を言語モデルを用いて行うため、同じような入力であっても、ステップが増えるほど**結果にばらつきが生じる可能性**が高まります。また、コストの面でも、複数のステップで認識・判断を言語モデルで行う分、単発で言語モデルを利用するよりも**費用が増加する傾向**にあります。

　ビジネスでの活用を考えると、特に出力の一貫性は重要な課題となります。例えば、言語モデルで要約を作成し、それを外部のサービスに保存するようなタスクにおいて、「**同じ入力データでも、場合によっては正しく保存されないことがある**」という状態では、信頼性が低く安心して業務に利用することができません。

▼図7-21　上手くいかないパターン

　さらに、アプリケーション開発の観点からも、出力に確率的なばらつきが含まれることで開発の難易度が上がります。これは、システムに何らかの変更を加えた際の結果の変化が、単なる確率的なばらつきによるものなのか、実装した改善によるものなのかを判断することが難しくなるためです。

　コストについても、AIエージェントは一般的な言語モデルを活用したアプリケーションより費用が増加する傾向があるため、他のアプローチと同様に、人間が同じタスクを行う場合と比較してメリットがあるかどうかの慎重な評価が必要になります。

7-3-3 ≫ Difyのワークフロー型のアプリケーション

　前述したAIエージェントの特性と課題を踏まえると、業務効率化を目的としてアプリケーションを検討する場合、まずはDifyのような固定ワークフロー（チャットフローやワークフローのアプリタイプ）で対応できないかを検討するのが効果的です。

▼図7-22　ワークフロー型

　AIエージェントとワークフロー型を比較すると、ワークフロー型は**事前に処理の順番や実行回数を明確に定義できる**という利点があります。一方、AI

エージェントでは条件分岐や実行回数などの判断をAIに委ねることになります。AIに任せることで生じる出力の不安定さやコスト増加を考慮すると、それらを上回るメリットがある場合や、探索的なアプローチが必要でワークフロー型では事前にタスクを定義できない場合に、AIエージェントを選択するのが適切でしょう。

現在の企業における言語モデルの活用は、既存業務の効率化を目的とするケースが多く見受けられます。このような場合、既に特定の業務フローが確立されていることが多いため、AIエージェントを無理に導入する必要はありません。むしろ、**ワークフロー型で事前に決められた処理を確実に実行する**ほうが、安定性とコスト効率の面で優れた選択となるでしょう。ただし、AIエージェント技術は急速に進化しており、将来的には出力の一貫性やコスト効率の課題が解決される可能性もあります。技術の発展動向を注視しながら、適切なアプローチを柔軟に選択していくことが重要です。

さらなる学習とコミュニティサポート

　実際の業務課題は多種多様であり、本書の内容だけでは解決できないケースも出てくるでしょう。ここでは、Difyの学習を継続するためのリソースとコミュニティについてご紹介します。

Dify公式ドキュメント/GitHubリリースノート

　Difyの機能をさらに深く理解したい場合は、**公式ドキュメント**[注1]が最適な参考資料となります。

注1　https://docs.dify.ai/ja-jp

左上のドロップダウンメニューから日本語を選択すると、ページ全体が日本語表示に切り替わります。公式ドキュメントでは、各種ノードの基本的な説明から**API連携**、**ツールプラグインの作成方法**、**実践的なユースケース**まで幅広く解説されています。ただし、公式ドキュメントは最新のアップデートに対応していない場合があります。新機能については、GitHubのリリースノート注2を確認することをお勧めします。

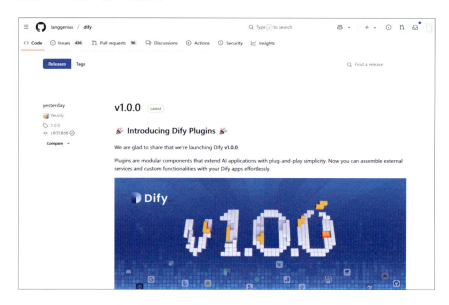

　リリースノートでは、各バージョンの更新内容が詳細に記載されており、新機能の説明と具体的な使用方法を確認できます。

Difyのテンプレート機能

　Difyには**豊富なテンプレート**が用意されており、さまざまな用途のアプリケーションをすぐに試すことができます。

注2　https://github.com/langgenius/dify/releases

さらなる学習とコミュニティサポート

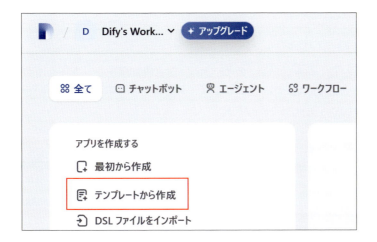

スタジオ画面のテンプレートから作成を選択すると、さまざまなテンプレートが表示されます。

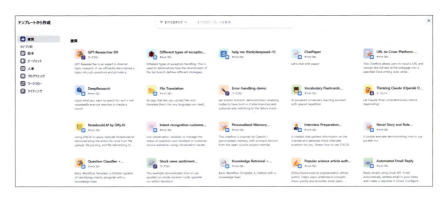

初見では複雑に感じる高度なアプリケーションも多いですが、それらからプロンプト設計やワークフローの構成方法など、貴重な実践的ノウハウを学ぶことができます。

Dify公式Discord

　Difyには活発なDiscordコミュニティがあり、**日本語専用チャンネル**も用意されています。このコミュニティはDifyを使っているユーザーが集まり、情報交換や問題解決を行う場になっています。

　日本語チャンネルでは、初心者の質問にも丁寧に回答してくれる親切なメンバーが多数います。また、Difyの開発に貢献している技術力が高い方々も参加しており、技術的な質問にも専門的な回答が得られます。

　DiscordコミュニティへはDifyのGitHubリポジトリ[注3]から招待リンクにアクセスして参加できます。

注3　https://github.com/langgenius/dify

さらなる学習とコミュニティサポート

　コミュニティで質問する際は、**相手が問題を再現できるように具体的な情報を提供すること**が重要です。そのため、Difyのバージョンやアプリの実行環境（クラウド版／コミュニティ版）、必要に応じて**アプリケーションのDSLファイル**などを共有するとよいでしょう。このコミュニティは有志の方々の善意で成り立っています。質問する際は感謝と敬意を持って接することを心がけましょう。

おわりに

　本書では、言語モデルの基本から、Difyを使ったアプリケーション開発、RAG（検索拡張生成）やAIエージェントなど幅広いトピックを解説してきました。

　技術の世界では、新しいツールや手法を「とにかく使ってみる」という姿勢も大切です。しかし、真に業務改善や顧客価値につながるものを作るには、適切な場面で適切な技術を活用する判断力が不可欠だと感じます。

　この判断力を養うためには、技術の仕組みを理解し、コストや精度についての実践的な感覚を持つことが重要です。Difyでのアプリケーション開発では、プロンプトの調整や処理フローの設計による結果の違いを繰り返し確認しな

がら改善する必要があるため、**言語モデルの特性や限界を体感できる**かと思います。そのような感覚は、Difyでのアプリケーション開発にとどまらず、生成AIを活用したアプリケーションを開発する際に必ず役に立つでしょう。

　本書が、生成AIを活用したアプリケーション開発に取り組む皆様の一助となれば幸いです。皆様のチャレンジが、これからのAI時代における新たな価値創造につながることを心から願っています。

索引

A
AIエージェント ……………………… 322
API ………………………………………… 50
Azure OpenAI …………………………… 9

C
ChatGPT …………………………………… 2
Claude ………………………………… 149

D
DALL-E ………………………………… 264
Dify ………………………………… 8, 26
Docker …………………………………… 40
DSLファイル …………………………… 64

F
Function Calling/Tool use ………… 324

G
GitHubアカウント ……………………… 32
GitHubリポジトリ ……………………… 65
Google Apps Script ………………… 287
Googleスプレッドシート …………… 287

H
HTTPリクエスト ……………………… 301

I
IF/ELSEノード ………………………… 101

J
Jinja2テンプレート …………………… 110
JSONモード ……………… 115, 121, 193

L
LLM
　2, 80, 88, 104, 118, 135, 150, 189, 223, 274
LMM ……………………………… 189, 195

P
PDFファイル ……………………… 148, 169

PowerShell
PowerShell …………………………… 46

Q
Q&A形式 ……………………………… 245
QA自動生成アプリ …………………… 144

R
RAG ………………………… 28, 212, 227
Rerankモデル ………………………… 236

S
SPEECH TO TEXTノード …………… 201

T
Tavily Search ………………………… 275

U
URLアップロード ……………………… 147

Y
YAML …………………………………… 64

ア行
アプリケーションタイプ ……………… 58
イテレーションノード ……………… 180
インターフェースの種類 ……………… 60
ウェイト設定 ………………………… 236
ウェブ検索 …………………………… 269
ウェブサービス ……………………… 296
埋め込みモデル ……………………… 232
エージェント ……………………… 59, 61
オープナー …………………………… 161
音声処理アプリ ……………………… 197
音声認識 ………………………… 200, 202

カ行
回答生成 ………………… 163, 228, 282
外部連携 ……………………………… 311
カスタムツール ………………… 263, 311
画像処理アプリ ……………………… 187
画像生成 ………………………… 4, 264

議事録	197, 205
クエリ変換システム	250
区切り記号	23
クラウドサービス	29
言語モデル	4, 6, 13, 50, 56
検索アルゴリズム	230
検索拡張生成	213
校正	84, 92, 103
高度なアプリタイプ	59, 78
コンテナ	41, 46

サ行

最大チャンク長	230
システム変数	83
質問応答機能	207
質問分類器ノード	131
出力形式	151
条件分岐	98, 198
情報検索ステップ	228
スコア閾値	237
セキュリティ設定	39

タ行

大規模言語モデル	2
知識取得ノード	221
チャットフロー	59, 154, 220
チャットボット	33, 59
チャンク	229
ツールプラグイン	262
データプライバシー	7, 9
テキストジェネレーター	59, 69
デバッグ	74, 254
テンプレートノード	108, 123, 151
トップK	236

ナ行

ナレッジの検索クエリ	331
ナレッジベース	216, 239

ハ行

ハイブリッド検索	235
非テキストデータ処理	258
表形式データ	259
ビルトインツール	263
ファイル処理	156
フィルタリング	279
複数ファイル要約アプリ	175
プロンプト	10, 14, 35, 70, 88
文書校正アプリケーション	84
文書処理アプリケーション	98
並列処理	170
ベクトル検索	231
変数集約器ノード	106, 137

マ行

マルチ文書アシスタント	99
マルチモーダルモデル	187
文字起こし	200
モデルパラメータ	127

ヤ行

ユーザープロンプト	91
要約結果	172

ラ行

レスポンス処理	305
レポート作成アプリケーション	68
ローカルアップロード	147
ローカル環境	40

ワ行

ワークフロー	59, 116, 175, 177, 263

執筆者紹介

にゃんた

都内で働くAIエンジニア。2022年7月にYouTubeチャンネルを開設し、主に生成AIの最新情報や技術解説を発信。2025年3月時点のチャンネル登録者は4万7000人、Udemyでは受講者数6000人。

YouTubeチャンネル https://www.youtube.com/@aivtuber2866

●カバーデザイン	UeDESIGN　植竹 裕	
●本文設計	有限会社風工舎	
●編集・組版	株式会社トップスタジオ	
●担当	細谷謙吾	
●協力	鷹見成一郎・北川香織（技術評論社）	

◆お問い合わせについて

　本書の内容に関するご質問につきましては、下記の宛先までFAXまたは書面にてお送りいただくか、弊社ホームページの該当書籍コーナーからお願いいたします。お電話によるご質問、および本書に記載されている内容以外のご質問には、いっさいお答えできません。あらかじめご了承ください。

　また、ご質問の際には「書籍名」と「該当ページ番号」、「お客様のパソコンなどの動作環境」、「お名前とご連絡先」を明記してください。

お問い合わせ先
〒162-0846
東京都新宿区市谷左内町21-13
株式会社技術評論社　第5編集部
「ゼロからわかるDifyの教科書」係
FAX：03-3513-6173

◆技術評論社Webサイト
https://gihyo.jp/book/2025/978-4-297-14836-2

　お送りいただきましたご質問には、できる限り迅速にお答えするよう努力しておりますが、ご質問の内容によってはお答えするまでに、お時間をいただくこともございます。回答の期日をご指定いただいても、ご希望にお応えできかねる場合もありますので、あらかじめご了承ください。

　なお、ご質問の際に記載いただいた個人情報は質問の返答以外の目的には使用いたしません。また、質問の返答後は速やかに破棄させていただきます。

ゼロからわかるDify（ディファイ）の教科書
～生成AI×ノーコードでかんたん業務効率化

2025年 4月18日	初版　第1刷　発行	
2025年 8月23日	初版　第3刷　発行	

著　者	にゃんた
発行者	片岡　巌
発行所	株式会社技術評論社
	東京都新宿区市谷左内町21-13
	電話　03-3513-6150　販売促進部
	03-3513-6177　第5編集部
印刷／製本	日経印刷株式会社

定価はカバーに表示してあります。

本書の一部あるいは全部を著作権法の定める範囲を超え、無断で複写、複製、転載あるいはファイルを落とすことを禁じます。

©2025 にゃんた

造本には細心の注意を払っておりますが、万一、乱丁（ページの乱れ）や落丁（ページの抜け）がございましたら、小社販売促進部までお送りください。送料小社負担にてお取り替えいたします。

ISBN978-4-297-14836-2　C3055
Printed in Japan